W0201842

Inhaltsverzeichnis

Das Zweihunderterfeld

1 Färbe die Zahlenfelder rot.
Du siehst dann zwei Buchstaben.
62, 163, 26, 126, 48, 143, 35, 135, 70, 176, 44, 144, 54, 154, 37, 133, 53, 153, 59, 165, 56, 123, 58, 173, 57, 55

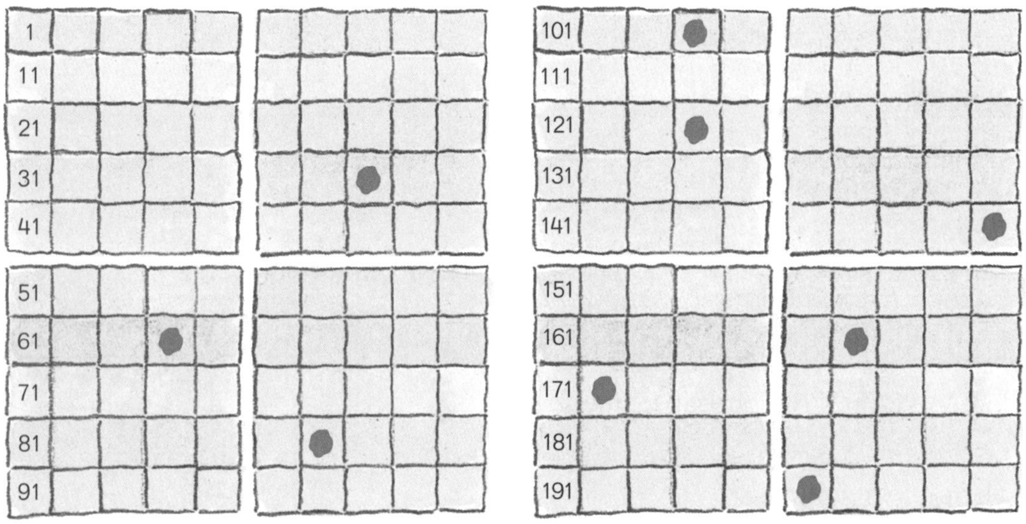

2 In welchen Zahlenfeldern steht ein Punkt?

● ______________________________

3 Trage die fehlenden Zahlen ein.

a)

151		

b)

		145

c)

		190

4 a) 38 + 20 = ______
138 + 20 = ______

b) 57 + 40 = ______
157 + 40 = ______

c) 24 + 50 = ______
124 + 50 = ______

5 a) 77 – 30 = ______
177 – 30 = ______

b) 95 – 50 = ______
195 – 50 = ______

c) 83 – 60 = ______
183 – 60 = ______

6 a) 69 – 40 = ______
169 – 40 = ______

b) 86 – 70 = ______
186 – 70 = ______

c) 98 – 90 = ______
198 – 90 = ______

Hunderter, Zehner, Einer

1 Wie viele Hunderter, Zehner und Einer sind es? Wie heißt die Zahl?

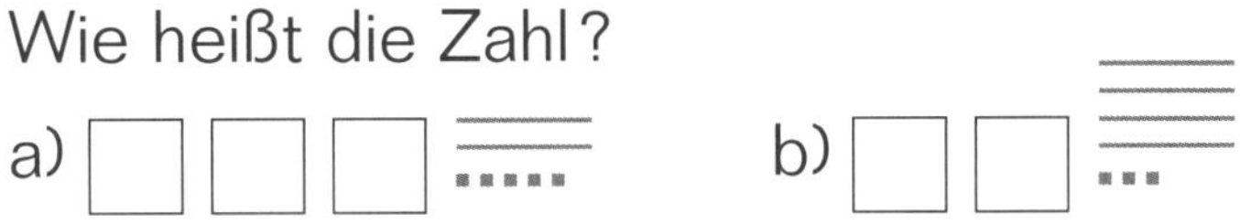

a) ___ H ___ Z ___ E

b) ___ H ___ Z ___ E

2

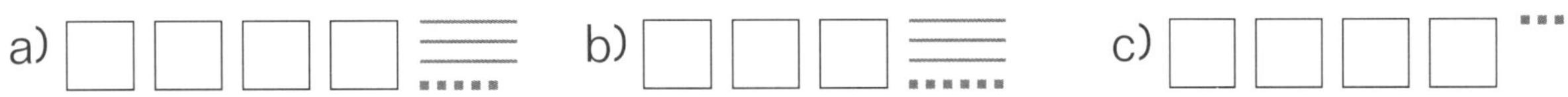

a) ___ H ___ Z ___ E

b) ___ H ___ Z ___ E

c) ___ H ___ Z ___ E

3 Schreibe nur die Zahl auf.

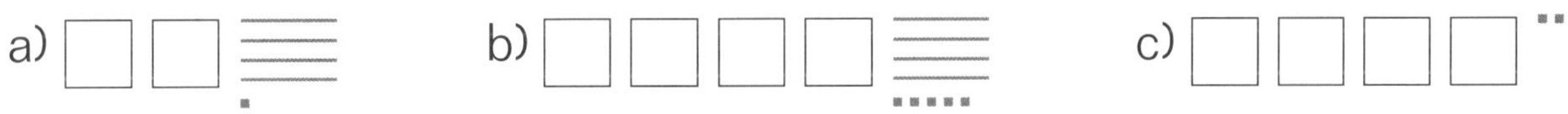

4

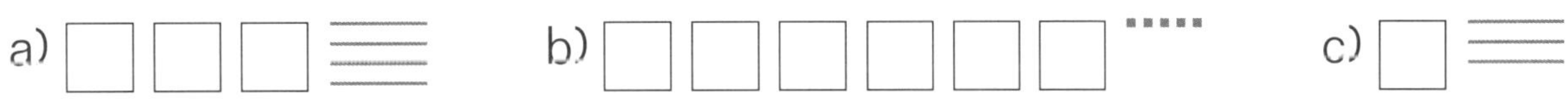

5 Nun umgekehrt: Zeichne zu der Zahl Hunderter, Zehner, Einer.

a) 315 b) 246 c) 153

6 a) 306 b) 230 c) 164

Hunderter, Zehner, Einer

3 H 4 Z 6 E
300 + 40 + 6 = 346

1 Wie heißt die Zahl?

a) 3 H 5 Z 2 E
300 + 50 + 2 = ____

b) 3 H 3 Z 7 E
____

2 a) 5 H 6 Z 7 E ____ b) 4 H 8 Z 3 E ____ c) 8 H 2 Z 4 E ____

d) 9 H 4 E ____ e) 7 H 3 Z ____ f) 6 H 9 E ____

3 Trage in die Stellentafel ein und schreibe ausführlich.

a)

	H	Z	E	
479	4	7	9	400 + 70 + 9
382				
729				
981				
674				

b)

	H	Z	E	
509				
780				
405				
690				
909				

---

10 E = 1 Z
15 E = 1 Z 5 E
10 Z = 1 H
14 Z = 1 H 4 Z

4 Wie heißt die Zahl?

a) 12 E = ____ Z ____ E = ____ b) 20 E = ____ Z = ____
c) 24 E = ________ = ____ d) 30 E = ________ = ____
e) 35 E = ________ = ____ f) 40 E = ________ = ____

5 a) 56 E = ________ = ____ b) 62 E = ________ = ____
c) 84 E = ________ = ____ d) 98 E = ________ = ____

6 Wie heißt die Zahl?

a) 14 Z = ____ H ____ Z = ____ b) 17 Z = ____ H ____ Z = ____
c) 27 Z = ________ = ____ d) 35 Z = ________ = ____
e) 58 Z = ________ = ____ f) 66 Z = ________ = ____

7 a) 43 Z = ________ = ____ b) 52 Z = ________ = ____
c) 74 Z = ________ = ____ d) 89 Z = ________ = ____

Zahlenstrahl bis 1000

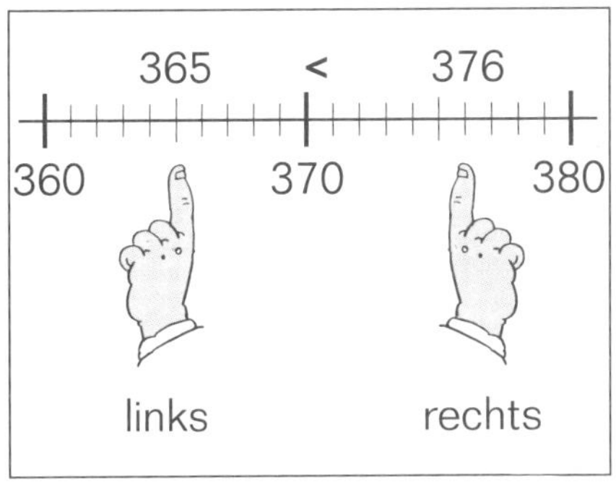

1 Bei welchen Zahlen stehen die Ballons?
Trage die Zahlen ein.

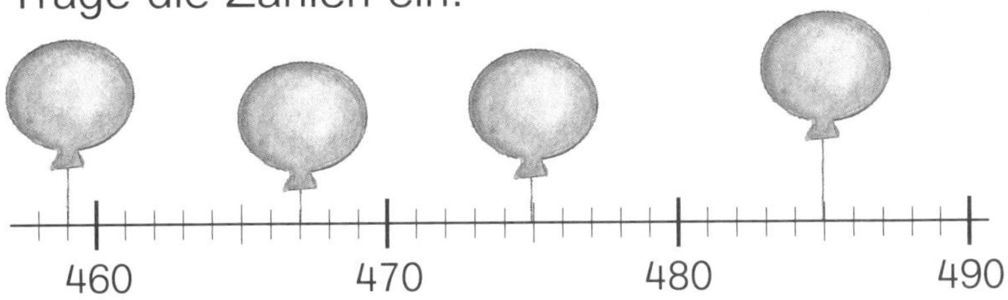

2 Bei welchen Zahlen stehen die Ballons?

a)

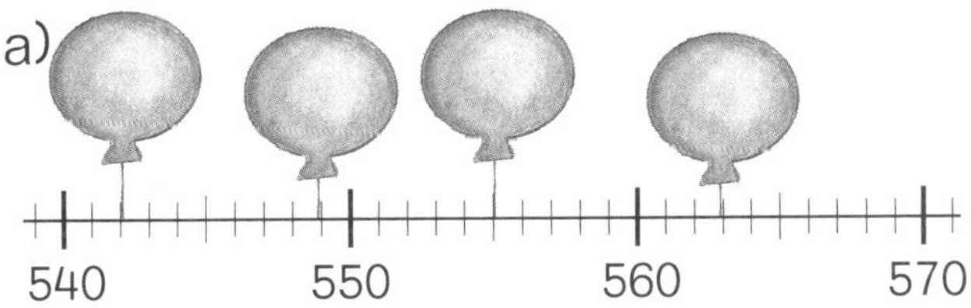

b)

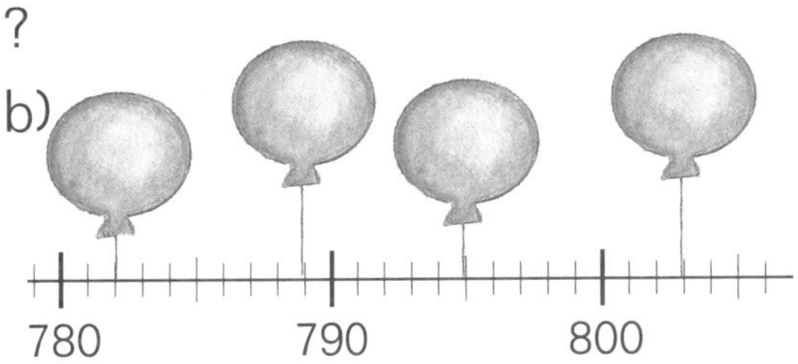

3 Kleiner oder größer? Setze ein: <, >

a) 362 ◯ 372
367 ◯ 360
378 ◯ 368

b) 459 ◯ 469
471 ◯ 461
473 ◯ 483

c) 476 ◯ 467
478 ◯ 487
460 ◯ 480

4 a) 565 ◯ 556
549 ◯ 559

b) 805 ◯ 795
801 ◯ 810

c) 903 ◯ 930
535 ◯ 553

5 Bei welcher Zahl steht der Ballon?
Ergänze zu den beiden Nachbarzehnern.

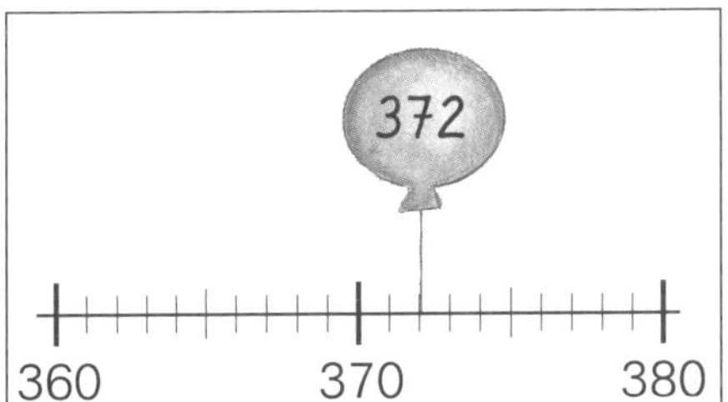

372 + 8 = 380
372 – 2 = 370

a)

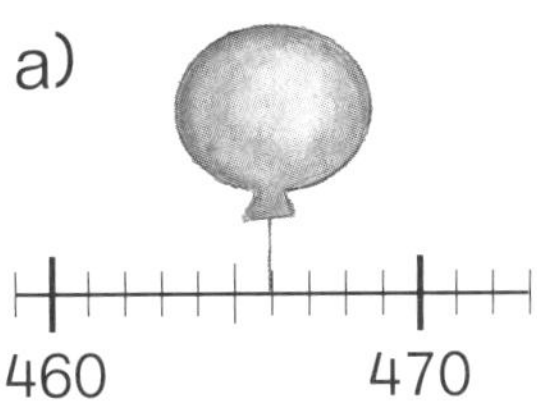

___ + ___ = ___
___ – ___ = ___

b)

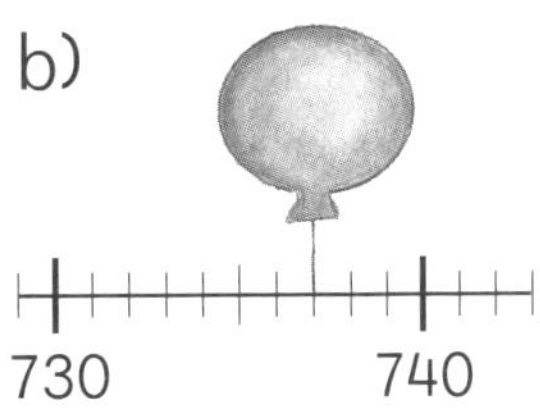

___ + ___ = ___
___ – ___ = ___

c)

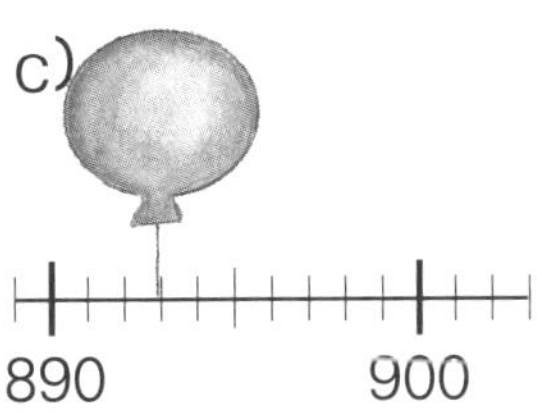

___ + ___ = ___
___ – ___ = ___

d)

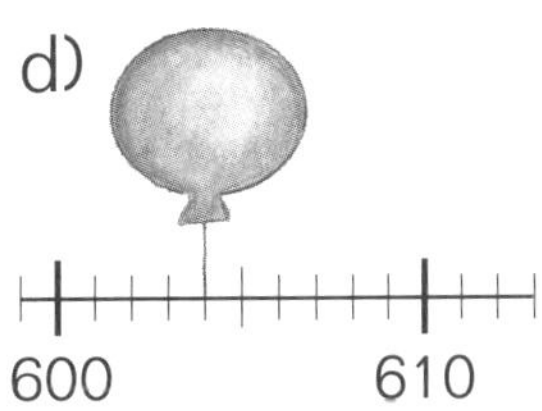

___ + ___ = ___
___ – ___ = ___

e)

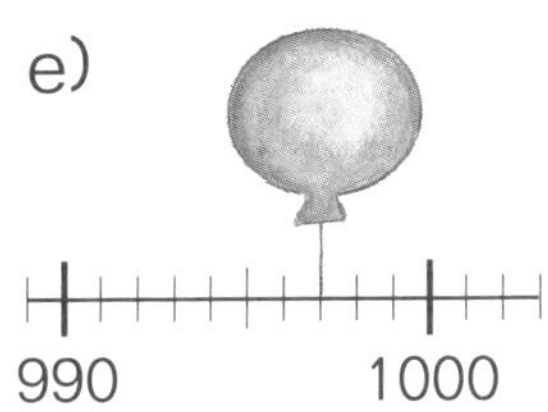

___ + ___ = ___
___ – ___ = ___

Zahlenstrahl bis 1000

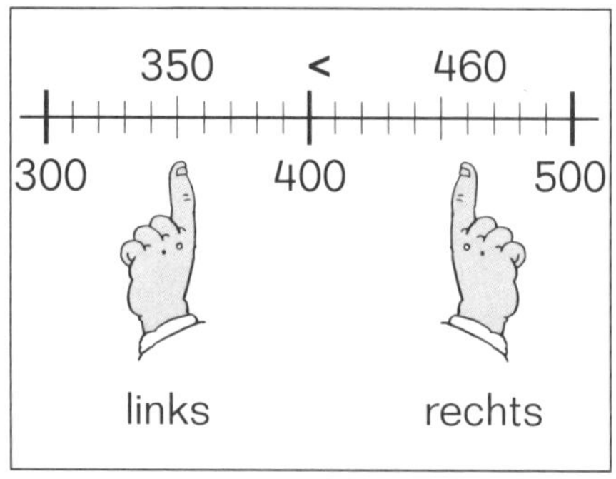

1 Bei welchen Zahlen stehen die Ballons? Trage die Zahlen ein.

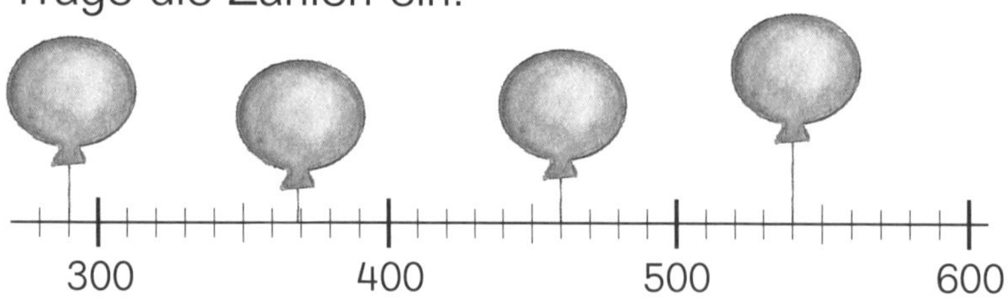

2 Bei welchen Zahlen stehen die Ballons?

a)

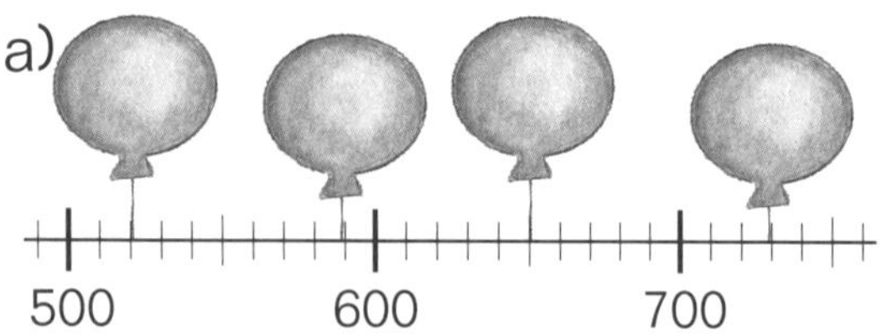

b)

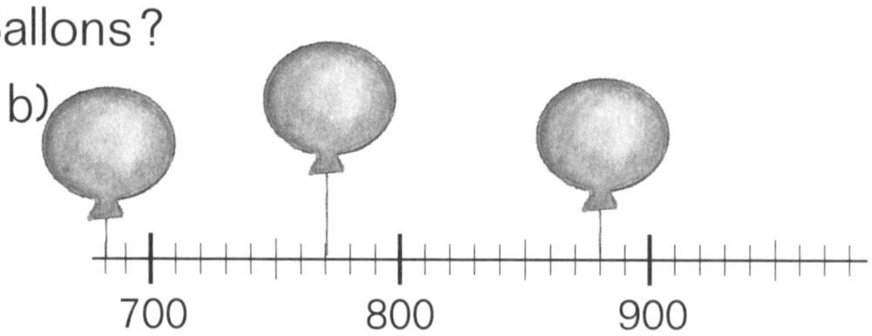

3 Bei welcher Zahl steht der Ballon? Ergänze zu den beiden Nachbarhundertern.

a)

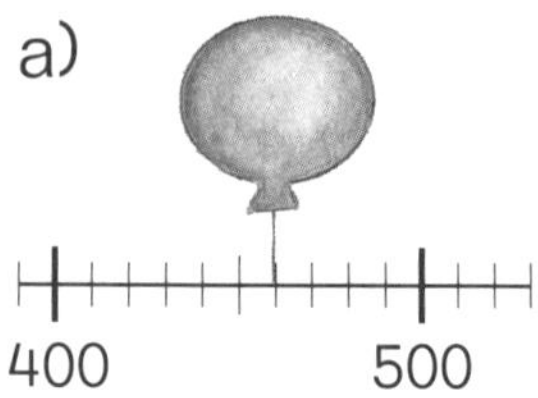

___ + ___ = ___

___ − ___ = ___

b)

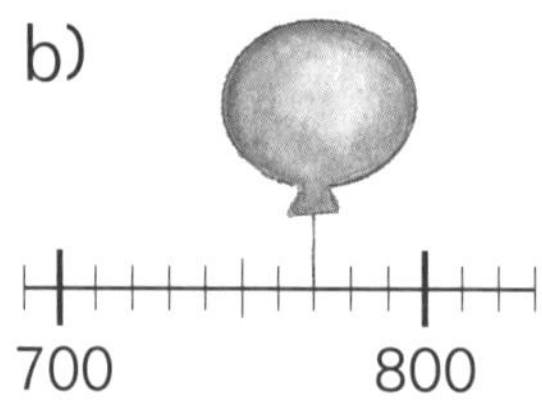

___ + ___ = ___

___ − ___ = ___

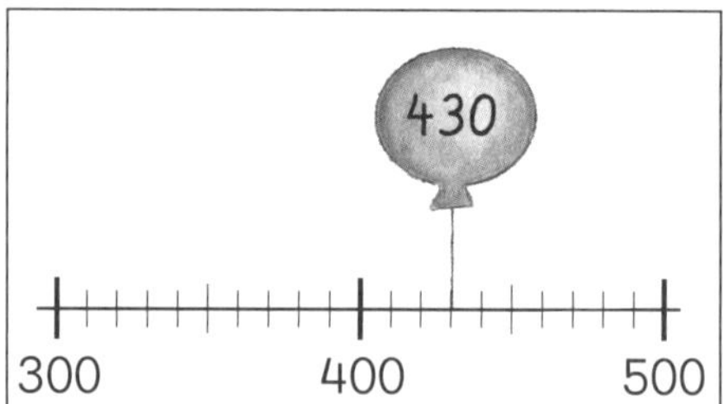

430 + 70 = 500
430 − 30 = 400

c)

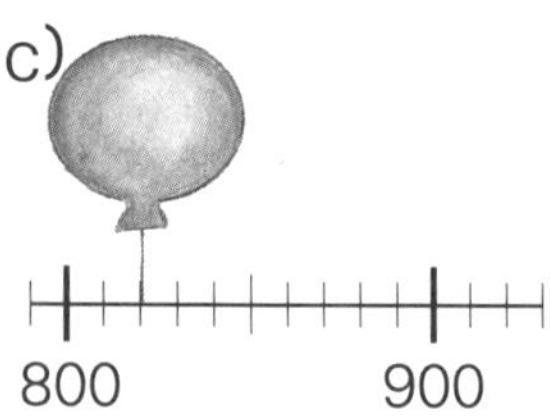

___ + ___ = ___

___ − ___ = ___

d)

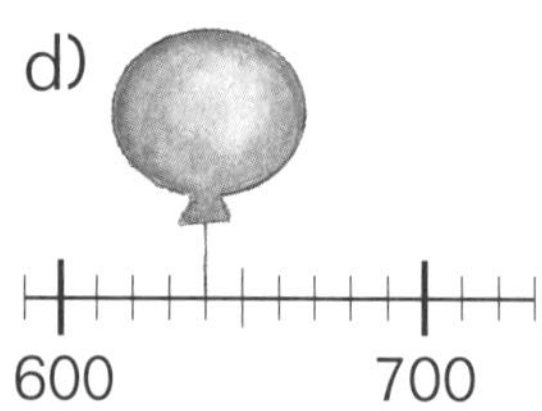

___ + ___ = ___

___ − ___ = ___

e)

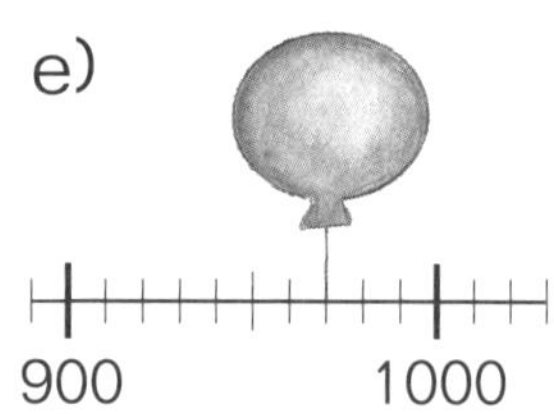

___ + ___ = ___

___ − ___ = ___

4 Ergänze zu den beiden Nachbarhundertern.

a) 460 + ___ = 500
460 − ___ = 400

b) 720 + ___ = ___
720 − ___ = ___

c) 370 + ___ = ___
370 − ___ = ___

d) 240 + ___ = ___
240 − ___ = ___

e) 910 + ___ = ___
910 − ___ = ___

f) 850 + ___ = ___
850 − ___ = ___

Rechnen in verschiedenen Hundertern

1 a) 612 + 30 = ____
712 + 30 = ____

b) 643 + 40 = ____
743 + 40 = ____

c) 657 + 20 = ____
757 + 20 = ____

d) 632 + 60 = ____
732 + 60 = ____

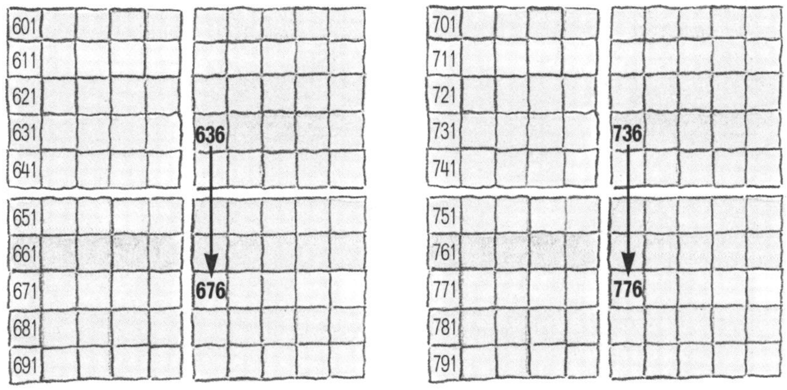

636 + 40 = 676 736 + 40 = 776

2 a) 320 + 50 = ____
520 + 50 = ____
920 + 50 = ____

b) 430 + 60 = ____
730 + 60 = ____
830 + 60 = ____

c) 240 + 30 = ____
540 + 30 = ____
940 + 30 = ____

3 a) 420 + 60 = ____
425 + 60 = ____
429 + 60 = ____

b) 510 + 80 = ____
514 + 80 = ____
518 + 80 = ____

c) 740 + 50 = ____
743 + 50 = ____
748 + 50 = ____

4 a) 380 – 30 = ____
580 – 30 = ____
780 – 30 = ____
980 – 30 = ____

b) 990 – 50 = ____
890 – 50 = ____
690 – 50 = ____
390 – 50 = ____

c) 470 – 40 = ____
670 – 40 = ____
270 – 40 = ____
970 – 40 = ____

5 a) – 40

360	
362	
365	
369	

b) – 60

580	
583	
586	
588	

c) – 30

870	
874	
877	
879	

d) – 70

690	
692	
695	
698	

6 a) 460 – 30 = ____
270 – 50 = ____
750 – 20 = ____
380 – 40 = ____

b) 580 – 50 = ____
970 – 30 = ____
860 – 40 = ____
650 – 10 = ____

c) 790 – 80 = ____
680 – 70 = ____
460 – 60 = ____
270 – 50 = ____

Rechnen mit den Hundertertafeln

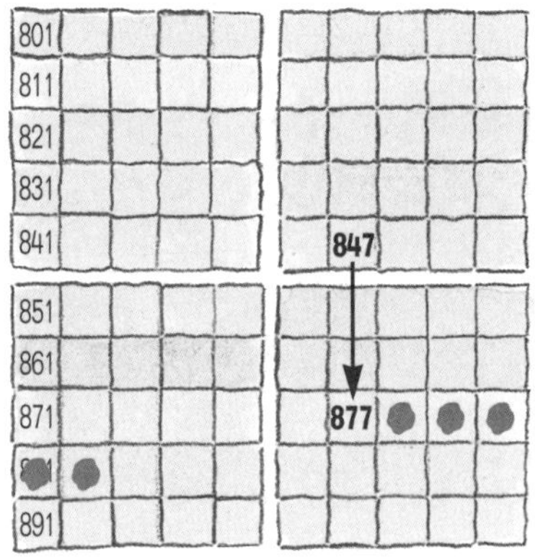

847 + 35 =
847 + 30 = 877
877 + 5 = 882

1 Rechne schrittweise.

a) 845 + 36 = ____
845 + __ = ____

b) 848 + 37 = ____
848 + __ = ____

c) 837 + 35 = ____
837 + __ = ____

b) 829 + 38 = ____
829 + __ = ____

2 Erst ..., dann ...

a) 827 + 45 = ____
327 + 45 = ____
627 + 45 = ____
erst 40
dann 5

b) 864 + 27 = ____
264 + 27 = ____
564 + 27 = ____
erst ____
dann ____

3 a) 432 + 36 = ____
543 + 36 = ____

b) 648 + 45 = ____
339 + 45 = ____

c) 917 + 57 = ____
726 + 57 = ____

4 a) 892 − 36 = ____
592 − 36 = ____
792 − 36 = ____
erst ____
dann ____

b) 683 − 45 = ____
983 − 45 = ____
483 − 45 = ____
erst ____
dann ____

5 a) 384 − 27 = ____ erst ____ dann ____
573 − 55 = ____ erst ____ dann ____

b) 793 − 64 = ____ erst ____ dann ____
875 − 38 = ____ erst ____ dann ____

6 a) 477 − 24 = ____
968 − 34 = ____
555 − 44 = ____

b) 583 − 45 = ____
854 − 36 = ____
272 − 18 = ____

c) 791 − 55 = ____
685 − 67 = ____
472 − 58 = ____

7 a) 568 + 26 = ____
483 − 34 = ____

b) 652 − 44 = ____
309 + 53 = ____

c) 291 − 53 = ____
716 + 65 = ____

Rechnen mit Hunderter-Zehner-Zahlen

1 Schreibe die Aufgabe und rechne.

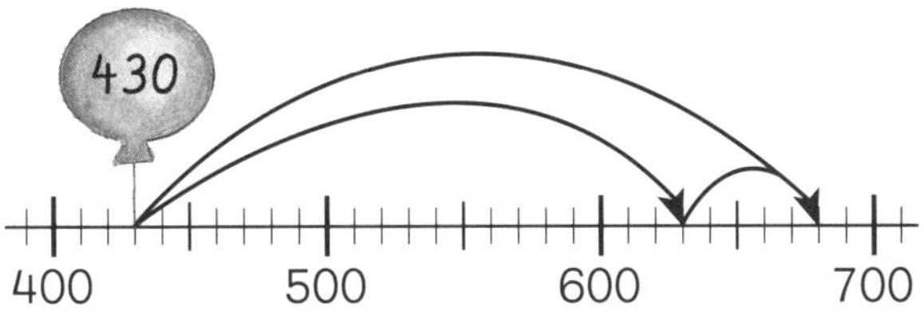

430 + ____ = ____

____ + ____ = ____

____ + ____ = ____

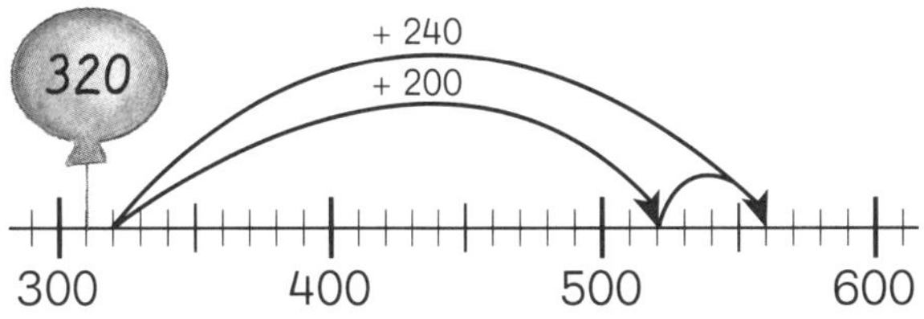

320 + 240 = ____

320 + 200 = 520

520 + 40 = 560

2 a)

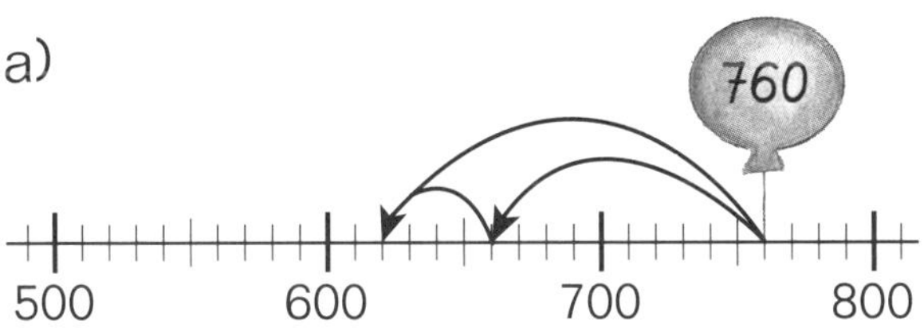

760 − ____ = ____

____ − ____ = ____

____ − ____ = ____

b)

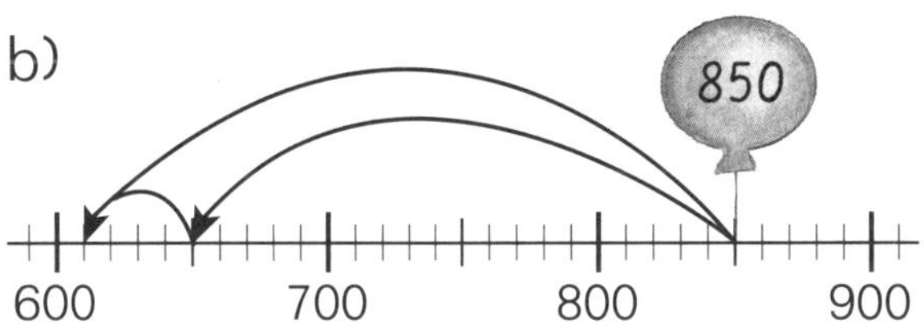

850 − ____ = ____

____ − ____ = ____

____ − ____ = ____

4 a)

+	300	500	400
130			
420			
350			

b)

+	240	320	450
230			
310			
440			

5 a) 900 − 300 = ____
700 − 400 = ____

b) 1000 − 400 = ____
1000 − 700 = ____

c) 800 − 700 = ____
700 − 500 = ____

6 a) 930 − 400 = ____
930 − 200 = ____
930 − 600 = ____

b) 740 − 500 = ____
740 − 200 = ____
740 − 600 = ____

c) 880 − 600 = ____
880 − 300 = ____
880 − 500 = ____

7 a)

−	500	200	600
840			
930			
780			

b)

−	240	150	360
780			
970			
890			

Mit Zehnern über den Hunderter

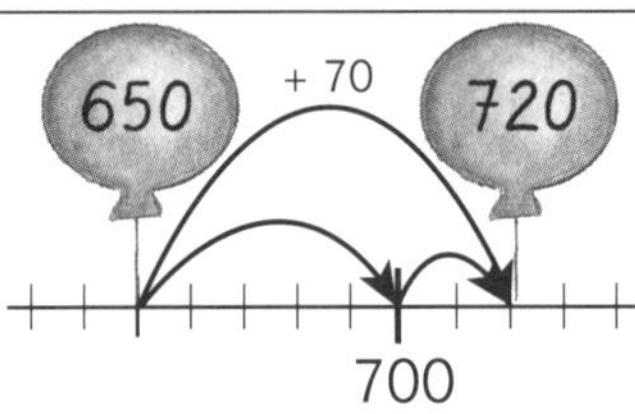

650 + 70 = ___

650 + 50 = 700
700 + 20 = 720

1 Wie heißt die Aufgabe? Rechne.

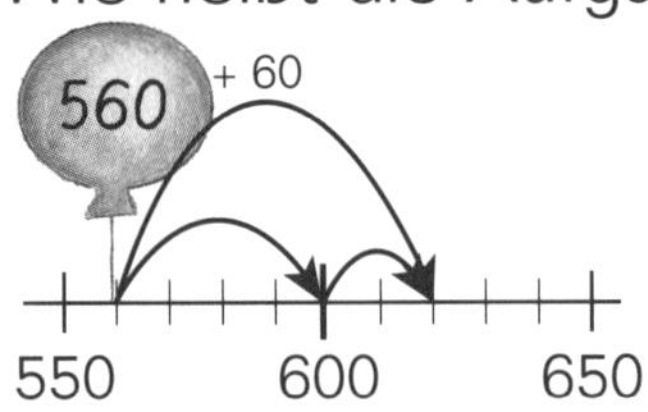

560 + ___ = ___

___ + ___ = ___

___ + ___ = ___

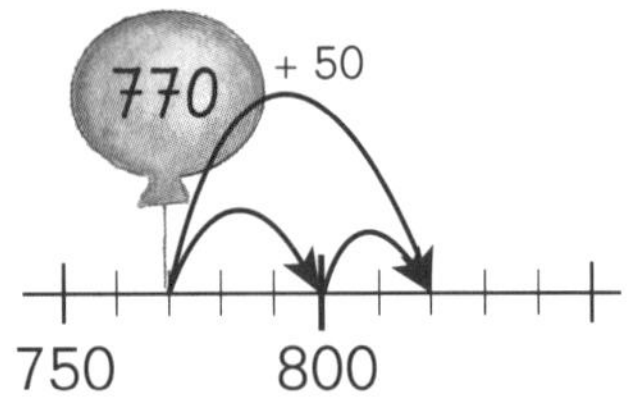

770 + ___ = ___

___ + ___ = ___

___ + ___ = ___

2 Erst …, dann …

a) 680 + 50 = ___ erst ___ dann ___

490 + 70 = ___ erst ___ dann ___

b) 770 + 60 = ___ erst ___ dann ___

550 + 70 = ___ erst ___ dann ___

3 Wie heißt die Aufgabe? Rechne.

a)

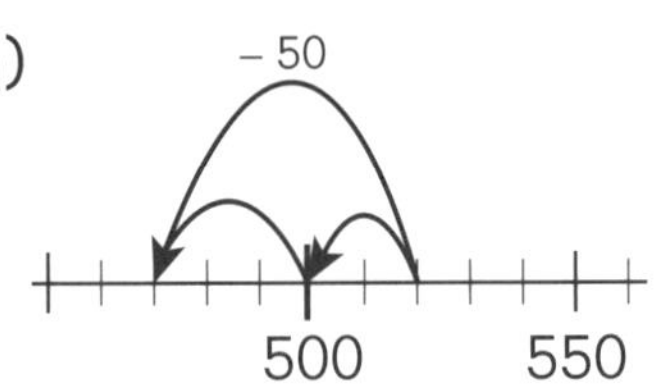

___ – ___ = ___

___ – ___ = ___

___ – ___ = ___

b)

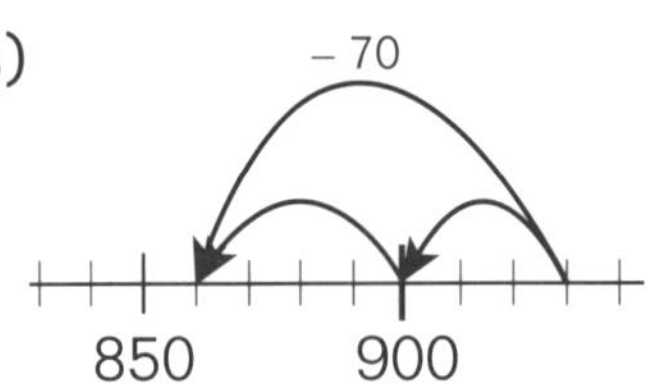

___ – ___ = ___

___ – ___ = ___

___ – ___ = ___

c)

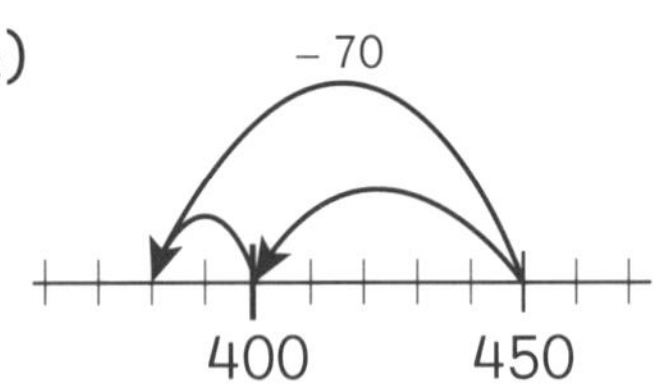

___ – ___ = ___

___ – ___ = ___

___ – ___ = ___

4 a) 720 – 60 = ___ erst ___ dann ___

530 – 80 = ___ erst ___ dann ___

b) 940 – 50 = ___ erst ___ dann ___

850 – 80 = ___ erst ___ dann ___

---

5 Mit Einern über den Hunderter.

a) 198 + 5 = ___ b) 297 + 8 = ___ c) 495 + 7 = ___ d) 599 + 6 = ___

398 + 5 = ___ 797 + 8 = ___ 895 + 7 = ___ 696 + 9 = ___

6 a) 204 – 6 = ___ b) 903 – 7 = ___ c) 805 – 9 = ___ d) 502 – 8 = ___

704 – 6 = ___ 403 – 7 = ___ 305 – 9 = ___ 606 – 7 = ___

Plus und Minus mit großen Zahlen

1 Wie heißt die Aufgabe? Rechne.

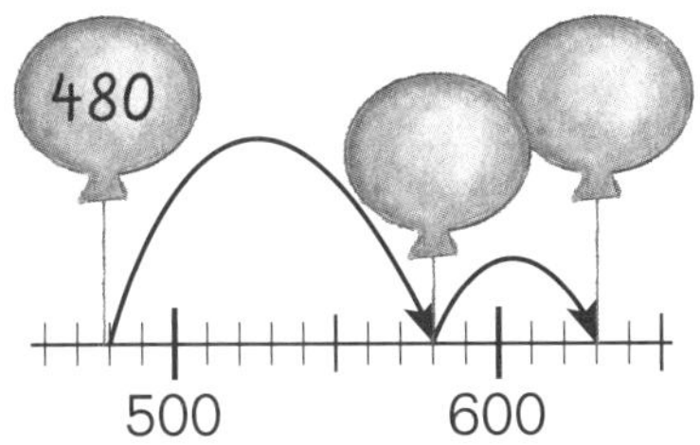

480 + ___ = ___
480 + ___ = ___
___ + ___ = ___

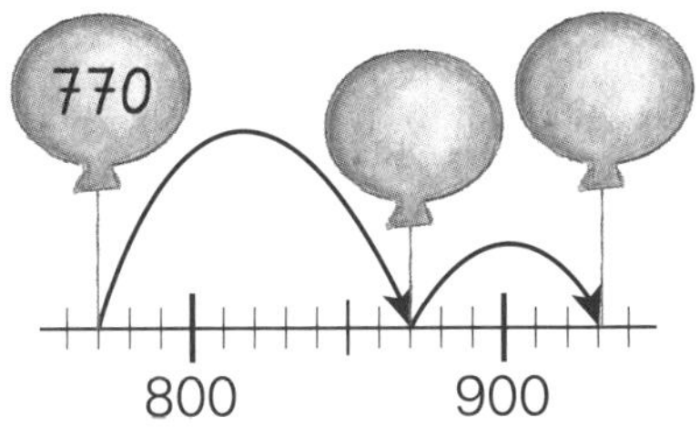

770 + ___ = ___
770 + ___ = ___
___ + ___ = ___

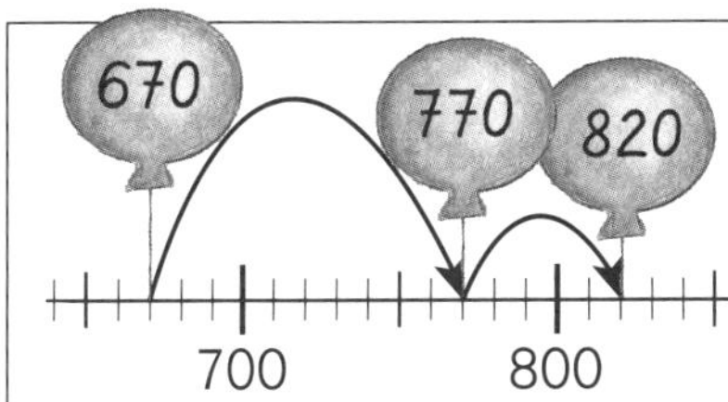

670 + 150 =
670 + 100 = 770
770 + 50 = 820

2 Erst …, dann …

a) 480 + 260 = ___ (erst 200, dann ___)
560 + 350 = ___ (erst ___, dann ___)

b) 370 + 440 = ___ (erst ___, dann ___)
490 + 450 = ___ (erst ___, dann ___)

3 Wie heißt die Aufgabe? Rechne.

a)

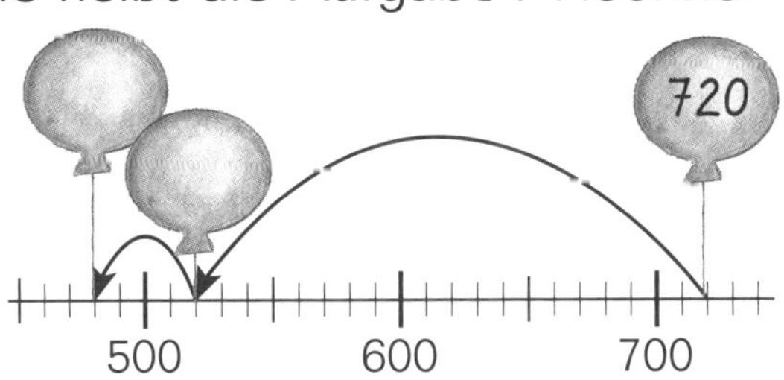

720 − ___ = ___
___ − ___ = ___
___ − ___ = ___

b)

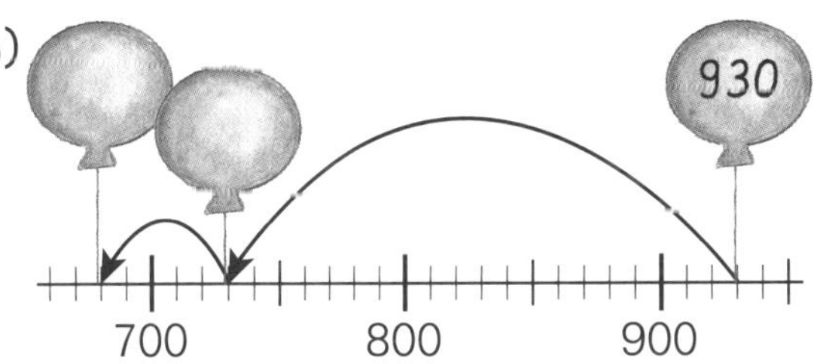

930 − ___ = ___
___ − ___ = ___
___ − ___ = ___

4 Erst …, dann …

a) 730 − 250 = ___ (erst ___, dann ___)
910 − 460 = ___ (erst ___, dann ___)

b) 840 − 550 = ___ (erst ___, dann ___)
720 − 460 = ___ (erst ___, dann ___)

5

a) 820 − 460 = ___
380 + 270 = ___
540 − 180 = ___

b) 930 − 450 = ___
840 − 360 = ___
250 + 260 = ___

c) 620 − 550 = ___
380 + 380 = ___
720 − 530 = ___

Aufgabe und Umkehraufgabe

Aufgabe

vorher — nachher

380 —(+ 250)→ 630
380 ←(− 250)— 630

Umkehraufgabe

1 a) vorher — nachher
___ —(+ 250)→ 740, ←(− 250)—

b) vorher — nachher
___ —(+ 180)→ 360, ←(− 180)—

c) ___ —(− 350)→ 200, ←(+ 350)—

d) ___ —(− 260)→ 620, ←(+ 260)—

2 Löse mit der Umkehraufgabe.

a) ___ —(+ 360)→ 880, ←—

b) ___ —(+ 280)→ 750, ←—

c) ___ —(+ 420)→ 810, ←—

d) ___ —(− 250)→ 580, ←(+ 250)—

e) ___ —(− 180)→ 370, ←—

f) ___ —(− 360)→ 460, ←—

3 a) ___ + 180 = 400
___ + 250 = 600

b) ___ + 240 = 740
___ + 360 = 960

c) ___ + 180 = 360
___ + 270 = 640

4 a) ___ − 120 = 300
___ − 240 = 650
___ − 430 = 240

b) ___ − 300 = 240
___ − 500 = 430
___ − 600 = 180

c) ___ − 150 = 280
___ − 350 = 470
___ − 460 = 510

5 Wie heißt der Rechenbefehl?

a) vorher — nachher
250 —(+)→ 600
380 —(+)→ 800

b) vorher — nachher
360 ——→ 700
470 ——→ 1000

c) vorher — nachher
580 ——→ 920
290 ——→ 610

6 Wie heißt der Rechenbefehl?

a) vorher — nachher
870 —(−)→ 470
930 —(−)→ 330

b) vorher — nachher
700 ——→ 450
900 ——→ 470

c) vorher — nachher
820 ——→ 680
750 ——→ 490

7 a) 650 − ___ = 250
380 − ___ = 180
910 − ___ = 810

b) 770 − ___ = 520
340 − ___ = 110
980 − ___ = 240

c) 450 − ___ = 180
560 − ___ = 270
930 − ___ = 490

Schriftliches Addieren in der Stellentafel

Zuerst die Einer,

	H	Z	E
	3	2	5
+	4	7	1
			6

dann die Zehner,

	H	Z	E
	3	2	5
+	4	7	1
		9	6

dann die Hunderter.

	H	Z	E
	3	2	5
+	4	7	1
	7	9	6

1

a)

	H	Z	E
	3	2	1
+	5	7	3

b)

	H	Z	E
	4	3	8
+	2	4	1

c)

	H	Z	E
	5	0	3
+	3	9	4

d)

	H	Z	E
	7	2	0
+	2	3	9

e)

	H	Z	E
	4	8	3
+	5	1	6

2

a)

	H	Z	E
	4	2	3
+	2	6	6

b)

	H	Z	E
	1	3	6
+	5	3	0

c)

	H	Z	E
	2	0	7
+	6	8	1

d)

	H	Z	E
	3	8	1
+	4	0	8

e)

	H	Z	E
	4	3	8
+	5	6	1

Zuerst die Einer,

	H	Z	E
	3	7	8
+	4	5	4
		1	
			2

dann die Zehner,

	H	Z	E
	3	7	8
+	4	5	4
	1	1	
		3	2

dann die Hunderter.

	H	Z	E
	3	7	8
+	4	5	1
	1	1	
	8	3	2

3

a)

	H	Z	E
	5	6	9
+	2	2	3

b)

	H	Z	E
	4	2	6
+	1	3	6

c)

	H	Z	E
	6	4	3
+	2	6	4

d)

	H	Z	E
	7	5	2
+	1	8	6

e)

	H	Z	E
	3	9	4
+	5	5	5

4

a)

	H	Z	E
	4	8	7
+	2	4	6

b)

	H	Z	E
	5	9	8
+	3	6	5

c)

	H	Z	E
	4	0	8
+	2	9	7

d)

	H	Z	E
	3	6	2
+	1	8	9

e)

	H	Z	E
	2	3	6
+	6	9	5

Schriftliches Addieren mit Überschreiten

Zuerst die Einer, | dann die Zehner, | dann die Hunderter.

1 Zuerst die Einer, dann die Zehner, dann die Hunderter.

a) 578 + 214
b) 639 + 245
c) 483 + 352
d) 265 + 374
e) 352 + 567

2
a) 388 + 256
b) 194 + 487
c) 566 + 364
d) 837 + 64
e) 748 + 162

3 Schreibe untereinander, dann rechne.

a) 438 + 182
b) 507 + 293
c) 313 + 88
d) 209 + 395

a) b) c) d)

4 Addieren mit drei Summanden.

a) 247 + 153 + 278
b) 136 + 348 + 222
c) 483 + 95 + 206
d) 574 + 98 + 111
e) 308 + 253 + 77

5
a) 364 + 208 + 133
b) 463 + 77 + 108
c) 236 + 488 + 72
d) 164 + 436 + 203
e) 255 + 355 + 43

Schriftliches Addieren mit Kommazahlen

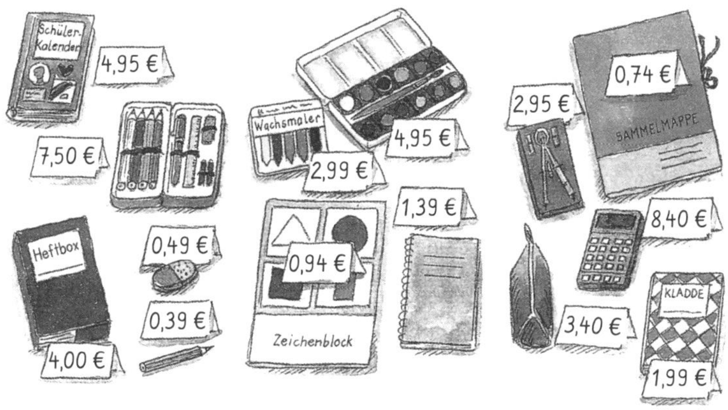

1 Was kostet es zuammen?

a) 

b) 

c) 

d) 

2 Schreibe untereinander, dann rechne.

a)	5,45 €	+	1,75 €
b)	3,08 €	+	2,99 €
c)	16,75 €	+	3,65 €
d)	7,89 €	+	12,49 €

a) b) c) d)

3 Ina kauft ein Ringbuch zu 1,89 Euro und Klarsichthüllen zu 3,49 Euro.

Frage: ____________________

Antwort: ____________________

Rechnung

4 Steffen kauft ein Bilderalbum zu 5,09 €, einen Film zu 3,31 € und einen dicken Block zu 2,89 €.

Frage: ____________________

Antwort: ____________________

Rechnung

Schriftliches Subtrahieren ohne Überschreiten

Zuerst die Einer,

	H	Z	E
	8	5	7
-	2	4	3
			4

dann die Zehner,

	H	Z	E
	8	5	7
-	2	4	3
		1	4

dann die Hunderter.

	H	Z	E
	8	5	7
-	2	4	3
	6	1	4

1

a)

	H	Z	E
	9	6	7
-	2	5	1

b)

	H	Z	E
	6	9	3
-	2	7	1

c)

	H	Z	E
	4	8	5
-	1	6	3

d)

	H	Z	E
	7	8	9
-	5	4	6

e)

	H	Z	E
	5	4	8
-	3	1	8

2

a)

	H	Z	E
	2	7	9
-		6	3

b)

	H	Z	E
	5	2	7
-	1	1	0

c)

	H	Z	E
	4	0	8
-	2	0	1

d)

	H	Z	E
	9	9	6
-	2	9	4

e)

	H	Z	E
	8	3	7
-	6	2	7

3 Zuerst die Einer, dann die Zehner, dann die Hunderter.

a) 654 − 231

b) 429 − 103

c) 763 − 161

d) 968 − 504

e) 567 − 32

4 Schreibe untereinander, dann subtrahiere.

a) 438 – 215
b) 753 – 431
c) 876 – 63
d) 955 – 105

a) b) c) d)

5 Addiere die beiden Ergebnisse. Du erhältst besondere Zahlen.

a) 748 − 612 | 497 − 411 | +

b) 976 − 735 | 898 − 362 | +

Schriftliches Subtrahieren mit Überschreiten

Zuerst die Einer, dann die Zehner, dann die Hunderter.

1 Zuerst die Einer, dann die Zehner, dann die Hunderter.

a)

	H	Z	E
	4	2	8
-	1	7	5

b)

	H	Z	E
	3	4	7
-	2	0	9

c)

	H	Z	E
	6	9	2
-		6	4

d)

	H	Z	E
	8	1	7
-	1	5	9

e)

	H	Z	E
	5	4	6
-	2	7	7

2 Achte auf Überträge.

a) 378 − 184 = ___

b) 640 − 217 = ___

c) 483 − 68 = ___

d) 903 − 148 = ___

e) 752 − 357 = ___

3 Schreibe untereinander, dann subtrahiere.

a) 481 – 253
b) 754 – 578
c) 567 – 309
d) 263 – 58

a)

b)

c)

d)

4 Rechne zu jeder Aufgabe die Probe.

a) Aufgabe: 742 − 368 = ___ Probe: ___ + 368

b) Aufgabe: 627 − 219 = ___ Probe: ___ +

c) Aufgabe: 834 − 357 = ___ Probe: ___ +

Üben macht Spaß

1 Schreibe untereinander, dann subtrahiere. Du erhältst besondere Ergebnisse.

a) 857 – 191
b) 536 – 92
c) 719 – 164
d) 626 – 293

a) b) c) d)

2 Schreibe zu jedem Ergebnis den zugehörigen Buchstaben.
Du erhältst ein Lösungswort.

802	625	784	538	472	736
– 347	– 304	– 217	– 189	– 89	– 427

349 T	309 E	321 P	383 Z	455 S	567 I

3 Am Sonntag hat das Schwimmbad 874 Eintrittskarten verkauft. Am Montag sind es 339 Karten weniger.

F: ______________________

A: ______________________

Rechnung

4 Färbe die Felder mit den Ergebniszahlen rot.

348	813	609	567	701	348
– 125	– 546	– 77	– 176	– 209	– 272

721	438	913	248	429	239
– 219	– 209	– 125	– 178	– 319	– 108

391, 44, 532, 267, 492, 577, 229, 212, 131, 110, 309, 70, 438, 103, 788, 76, 223, 502

Schriftliches Subtrahieren von Kommazahlen

	1 0, 0 0 €
–	2, 3 5 €
	1 1
	7, 6 5 €

12,25 €

6,75 €

18,45 €

12,49 €

1 Wie viel Euro bekommen die Kunden zurück?

a)  

b)  

c)  

d)  

2 Schreibe untereinander, dann rechne.

a) 4,79 € – 2,35 €
b) 8,37 € – 5,52 €
c) 9,82 € – 3,47 €
d) 7,65 € – 6,78 €

a) b) c) d)

3 Vincent kauft eine Musik-CD für 7,89 €.
Er bezahlt mit einem 10-€-Schein.
Frage: ______________________
Antwort: ______________________

Rechnung:

4 Jenny kauft eine Hörspiel-Cassette für 6,45 € und ein Buch für 8,70 €.
Sie bezahlt mit einem 20-€-Schein.
Frage: ______________________
Antwort: ______________________

Rechnung:

Einmaleins mit 20, 30 und 40

1 Schreibe eine Plus- und eine Mal-Aufgabe.

a) 4 Paletten ____ ____

b) 5 Paletten ____ ____

c) 7 Paletten ____ ____

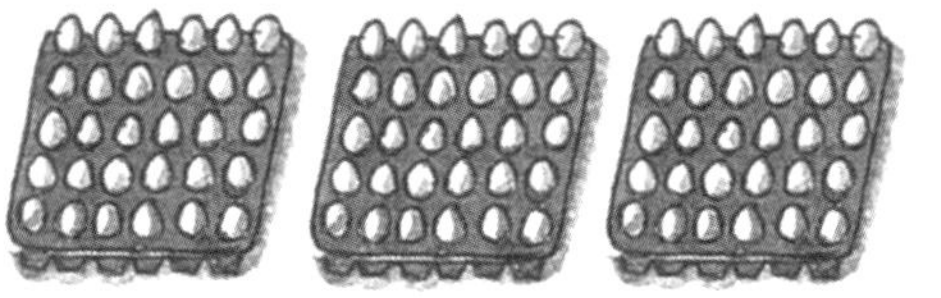

30 + 30 + 30 = 90
3 · 30 = 90

2 a) 4 · 30 = ____ 7 · 30 = ____
b) 1 · 30 = ____ 5 · 30 = ____
c) 8 · 30 = ____ 6 · 30 = ____
d) 10 · 30 = ____ 9 · 30 = ____

3 a) 120 : 30 = ____ 90 : 30 = ____
b) 300 : 30 = ____ 150 : 30 = ____
c) 270 : 30 = ____ 180 : 30 = ____
d) 240 : 30 = ____ 30 : 30 = ____

4 a) 6 · 20 = ____ 3 · 20 = ____
b) 4 · 20 = ____ 8 · 20 = ____
c) 10 · 20 = ____ 5 · 20 = ____
d) 7 · 20 = ____ 0 · 20 = ____

5 a) 100 : 20 = ____ 40 : 20 = ____
b) 120 : 20 = ____ 80 : 20 = ____
c) 140 : 20 = ____ 20 : 20 = ____
d) 180 : 20 = ____ 160 : 20 = ____

6 a) 2 · 40 = ____ 3 · 40 = ____
b) 5 · 40 = ____ 6 · 40 = ____
c) 10 · 40 = ____ 9 · 40 = ____

7 a) 8 · 40 = ____ 0 · 40 = ____
b) 9 · 40 = ____ 4 · 40 = ____
c) 1 · 40 = ____ 7 · 40 = ____

8 a) ____ · 40 = 120 ____ · 40 = 200
b) ____ · 40 = 320 ____ · 40 = 240

9 a) 160 : 40 = ____ 200 : 40 = ____
b) 360 : 40 = ____ 280 : 40 = ____

Einmaleins mit 40
1 · 40 = ____
2 · 40 = ____
3 · 40 = ____
4 · 40 = ____
5 · 40 = ____
6 · 40 = ____
7 · 40 = ____
8 · 40 = ____
9 · 40 = ____
10 · 40 = ____

Einmaleins mit 50, 60 und 70

1 Schreibe eine Plus- und eine Mal-Aufgabe.

a)
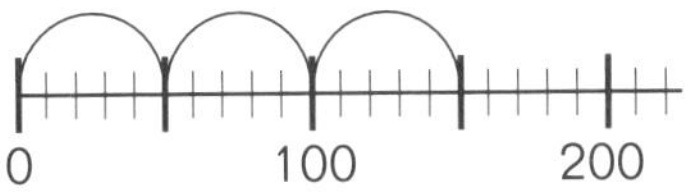

______

______

b)
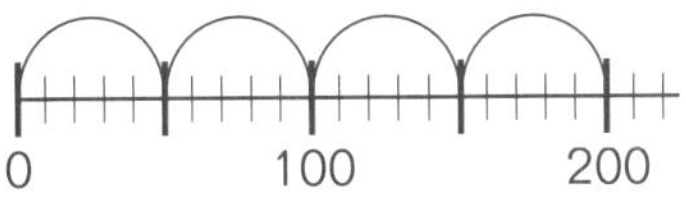

______

______

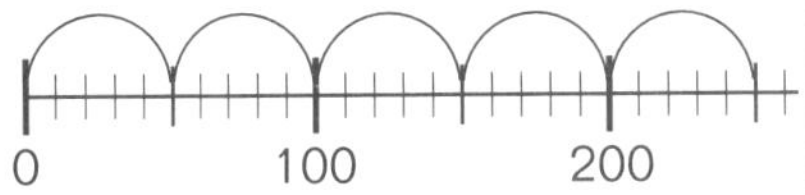

50 + 50 + 50 + 50 + 50 = 250

5 · 50 = 250

2 a) 2 · 50 = ___ b) 5 · 50 = ___ c) 5 · 50 = ___ d) 10 · 50 = ___
3 · 50 = ___ 4 · 50 = ___ 6 · 50 = ___ 9 · 50 = ___

3 a) 4 · 50 = ___ b) 3 · 50 = ___ c) 7 · 50 = ___ d) 2 · 50 = ___
8 · 50 = ___ 6 · 50 = ___ 0 · 50 = ___ 1 · 50 = ___

4 a) 200 : 50 = ___ b) 400 : 50 = ___ c) 500 : 50 = ___ d) 450 : 50 = ___
100 : 50 = ___ 150 : 50 = ___ 250 : 50 = ___ 350 : 50 = ___

5 a) 2 · 60 = ___ b) 5 · 60 = ___ c) 5 · 60 = ___ d) 10 · 60 = ___
3 · 60 = ___ 4 · 60 = ___ 6 · 60 = ___ 9 · 60 = ___

6 a)

· 60	
3	
7	
5	
8	

b)

· 60	
6	
2	
9	
4	

c)

· 50	
8	
3	
10	
7	

d)

· 40	
9	
5	
8	
6	

7 a) 2 · 70 = ___ b) 5 · 70 = ___ c) 10 · 70 = ___
3 · 70 = ___ 6 · 70 = ___ 9 · 70 = ___

8 a) 8 · 70 = ___ b) 7 · 70 = ___ c) 3 · 70 = ___
0 · 70 = ___ 4 · 70 = ___ 1 · 70 = ___

9 a) 210 : 70 = ___ b) 630 : 70 = ___
700 : 70 = ___ 560 : 70 = ___
140 : 70 = ___ 280 : 70 = ___
350 : 70 = ___ 490 : 70 = ___
70 : 70 = ___ 420 : 70 = ___

Einmaleins mit 70

1 · 70 = ___
2 · 70 = ___
3 · 70 = ___
4 · 70 = ___
5 · 70 = ___
6 · 70 = ___
7 · 70 = ___
8 · 70 = ___
9 · 70 = ___
10 · 70 = ___

Einmaleins mit 80 und 90

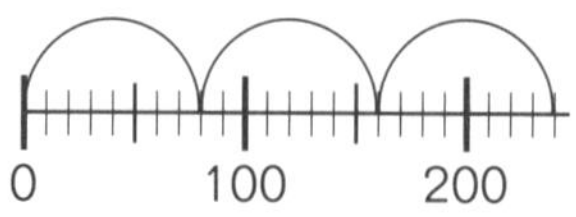

80 + 80 + 80 = 240

3 · 80 = 240

1 Schreibe die Mal-Aufgabe.

a) 80 + 80 + 80 + 80 = ____ b) 80 + 80 = ____

____________ ____________

2 a) 2 · 80 = ____ b) 5 · 80 = ____ c) 10 · 80 = ____

3 · 80 = ____ 6 · 80 = ____ 9 · 80 = ____

3 a) · 80

5	
10	

b) · 80

4	
8	

c) · 80

7	
9	

4 a) 160 : 80 = ____ b) 560 : 80 = ____

320 : 80 = ____ 640 : 80 = ____

5 a) 240 : 80 = ____ b) 320 : 80 = ____

240 : 30 = ____ 320 : 40 = ____

6 a) 2 · 90 = ____ b) 5 · 90 = ____ c) 10 · 90 = ____

3 · 90 = ____ 6 · 90 = ____ 9 · 90 = ____

7 a)

·	90	50
3		
7		

b)

·	90	40
5		
8		

8 a) 180 : 90 = ____ b) 810 : 90 = ____

270 : 90 = ____ 450 : 90 = ____

9 a) 360 : 90 = ____ b) 540 : 90 = ____

360 : 40 = ____ 540 : 60 = ____

10 a)

:	90	30
270		
180		

b)

:	90	60
360		
540		

c)

:	80	40
240		
320		

11 a)

·	80	40
3		
7		

b)

·	60	80
9		
6		

c)

·	90	50
8		
5		

Einmaleins mit 80

1 · 80 = ____
2 · 80 = ____
3 · 80 = ____
4 · 80 = ____
5 · 80 = ____
6 · 80 = ____
7 · 80 = ____
8 · 80 = ____
9 · 80 = ____
10 · 80 = ____

Einmaleins mit 90

1 · 90 = ____
2 · 90 = ____
3 · 90 = ____
4 · 90 = ____
5 · 90 = ____
6 · 90 = ____
7 · 90 = ____
8 · 90 = ____
9 · 90 = ____
10 · 90 = ____

Verwandte Durch-Aufgaben

1 Schreibe die sechs verwandten Durch-Aufgaben.

a) 
7, 3 → 21
21 : 3 = ____
____

b) 
4, 6 → 24
____
____

c) 
9, 5 → 45
____
____

d) 
8, 6 → 48
____
____

2
a) 240 : 6 = ____
240 : 60 = ____

b) 360 : 9 = ____
360 : 90 = ____

c) 560 : 8 = ____
560 : 80 = ____

3
a)

:	9	90
270		
450		

b)

:	8	80
480		
720		

c)

:	7	70
490		
210		

4
a) 320 : 80 = ____
320 : 8 = ____
320 : 40 = ____
320 : 4 = ____

b) 630 : 70 = ____
630 : 7 = ____
630 : 90 = ____
630 : 9 = ____

c) 360 : 60 = ____
360 : 6 = ____
360 : 40 = ____
360 : 4 = ____

5
a) 720 : 90 = ____
420 : 60 = ____

b) 560 : 7 = ____
450 : 5 = ____

c) 480 : 80 = ____
320 : 40 = ____

Einmaleins mit 11 und 12

1 a)

$3 \cdot 12 =$ ____
____ = ____
____ = ____

b)

$2 \cdot 12 =$ ____
____ = ____
____ = ____

2 a) $6 \cdot 12 =$ ____
$6 \cdot 10 =$ ____
$6 \cdot 2 =$ ____

b) $8 \cdot 12 =$ ____
____ = ____
____ = ____

c) $5 \cdot 12 =$ ____
____ = ____
____ = ____

d) $7 \cdot 12 =$ ____
____ = ____
____ = ____

3 Aufgabe und Tauschaufgabe

a) $9 \cdot 12 =$ ____
$12 \cdot 9 =$ ____

b) $4 \cdot 12 =$ ____
$12 \cdot 4 =$ ____

c) $3 \cdot 12 =$ ____
$12 \cdot 3 =$ ____

d) $6 \cdot 12 =$ ____
$12 \cdot 6 =$ ____

4 a) ____ $\cdot 12 = 60$
____ $\cdot 12 = 48$

b) ____ $\cdot 12 = 24$
____ $\cdot 12 = 36$

c) ____ $\cdot 12 = 120$
____ $\cdot 12 = 108$

d) ____ $\cdot 12 = 72$
____ $\cdot 12 = 84$

5 In jeder Reihe 11. Schreibe die Mal-Aufgabe und die Tauschaufgabe auf.

a)

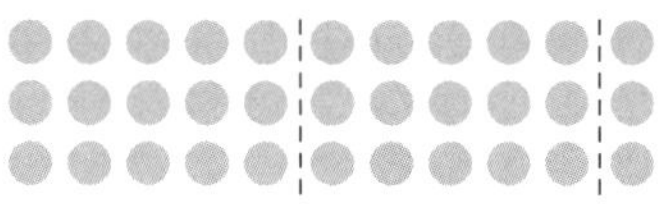

$3 \cdot 11 =$ ____
$11 \cdot 3 =$ ____

b)

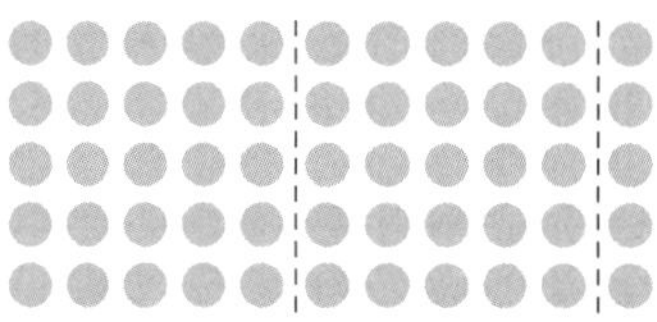

____ = ____
____ = ____

c)

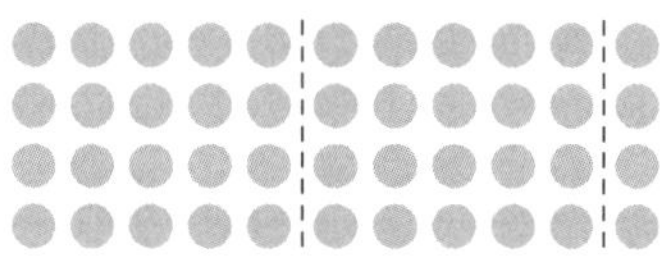

____ = ____
____ = ____

6 a) ____ $\cdot 11 = 66$
____ $\cdot 11 = 55$

b) ____ $\cdot 11 = 110$
____ $\cdot 11 = 99$

c) $11 \cdot$ ____ $= 77$
$11 \cdot$ ____ $= 33$

c) $11 \cdot$ ____ $= 88$
$11 \cdot$ ____ $= 22$

Multiplizieren von zweistelligen Zahlen

1 a)

3 · 22 = ____
3 · 20 = ____
3 · 2 = ____

b)

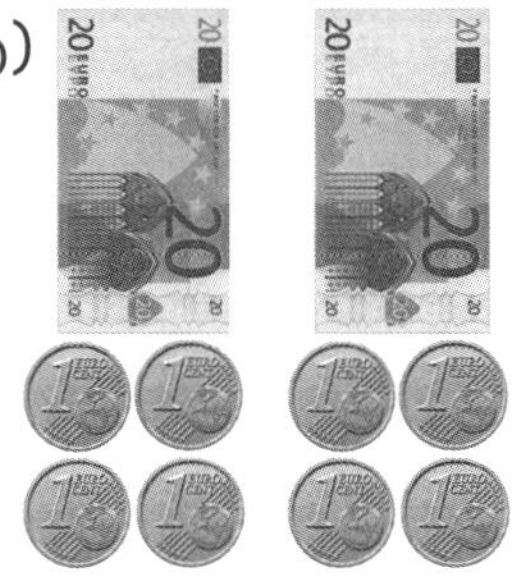

2 · 24 = ____
2 · 20 = ____
2 · 4 = ____

4 · 23 = 92
4 · 20 = 80
4 · 3 = 12

2 a)

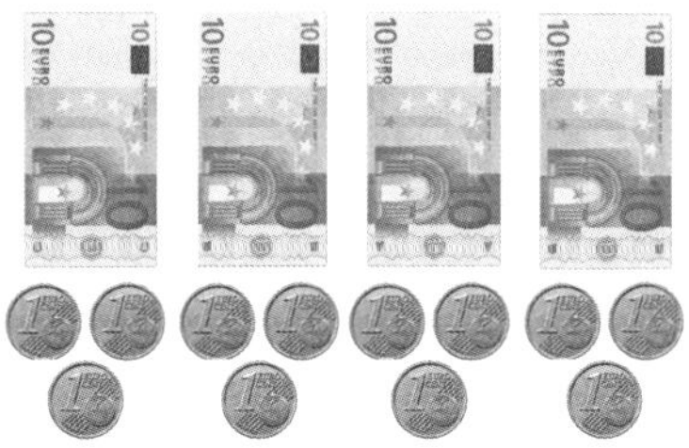

____
____
____

b)

____
____
____

c)

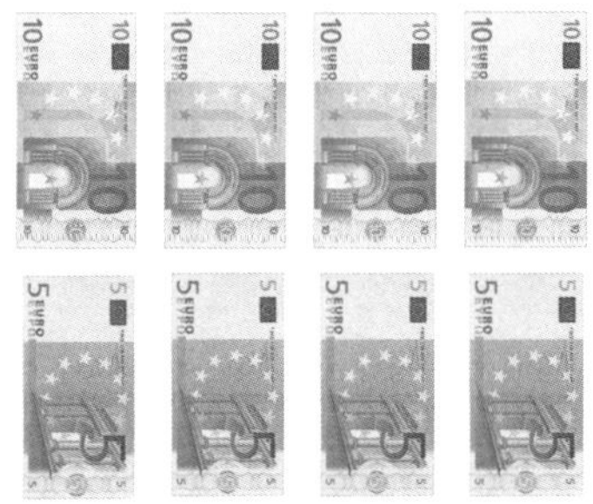

____
____
____

3 a) 3 · 17 =

b) 4 · 56 =

c) 6 · 27 =

d) 4 · 28 =

e) 9 · 38 =

f) 3 · 67 =

4 a) 5 · 13 = 50 + 15 = ____
6 · 14 = ____
4 · 16 = ____
7 · 14 = ____

b) 3 · 27 = ____
5 · 28 = ____
8 · 23 = ____
4 · 24 = ____

c) 4 · 32 = ____
5 · 44 = ____
8 · 57 = ____
2 · 64 = ____

Einmaleinsblumen

1 a)

3 · 6 = ____________

3 · 60 = ____________

3 · 66 = ____________

6 · 3 = ____________

6 · 30 = ____________

6 · 33 = ____________

b)

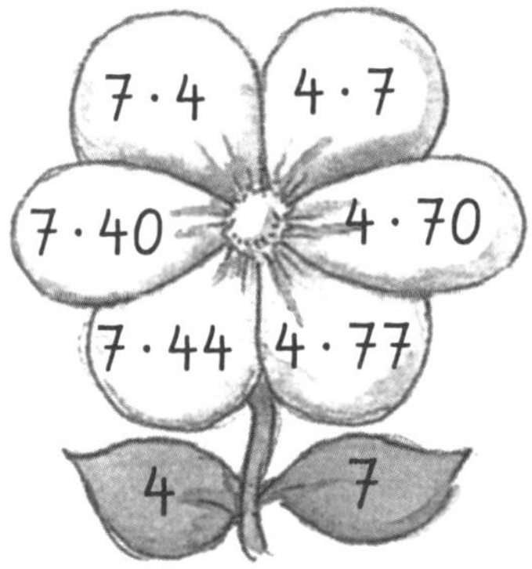

____

____

____

____

____

____

c)

____

____

____

____

____

____

2 a)

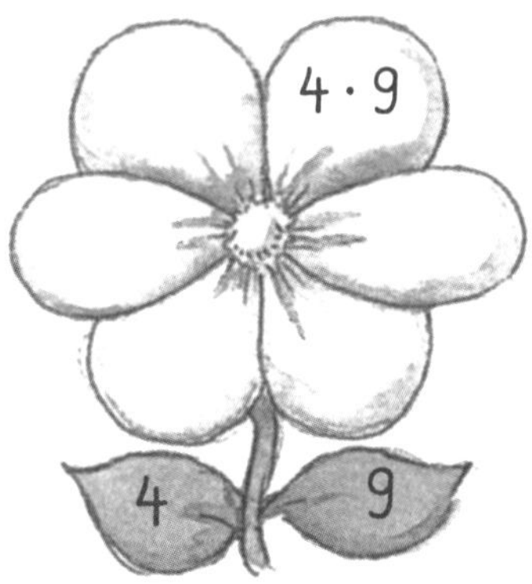

____

____

____

____

____

____

b)

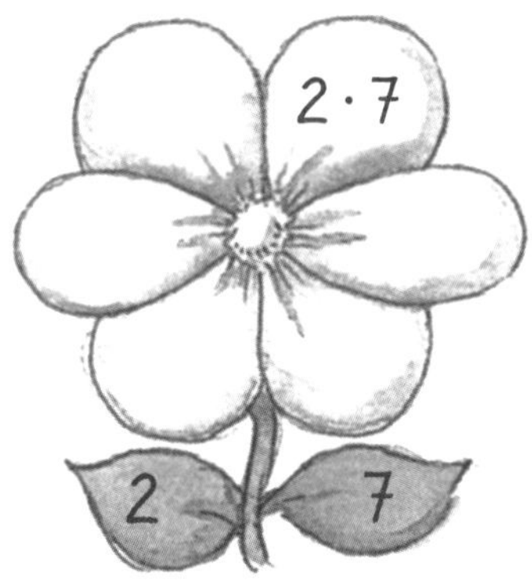

____

____

____

____

____

____

c)

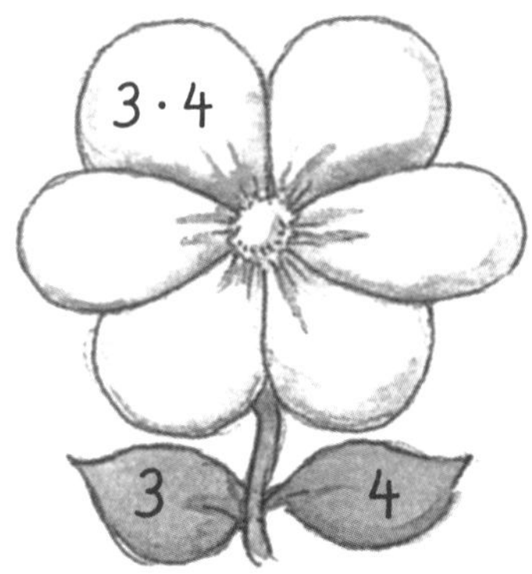

____

____

____

____

____

____

3 a) 4 · 6 = ____________
4 · 60 = ____________
4 · 66 = ____________

b) 5 · 9 = ____________
5 · 90 = ____________
5 · 99 = ____________

c) 8 · 7 = ____________
8 · 70 = ____________
8 · 77 = ____________

Übungen

2 · 36 = _____ rot
2 · 24 = _____ blau
3 · 15 = _____ gelb
9 · 11 = _____ blau
5 · 17 = _____ grün
7 · 12 = _____ rot
7 · 13 = _____ grün

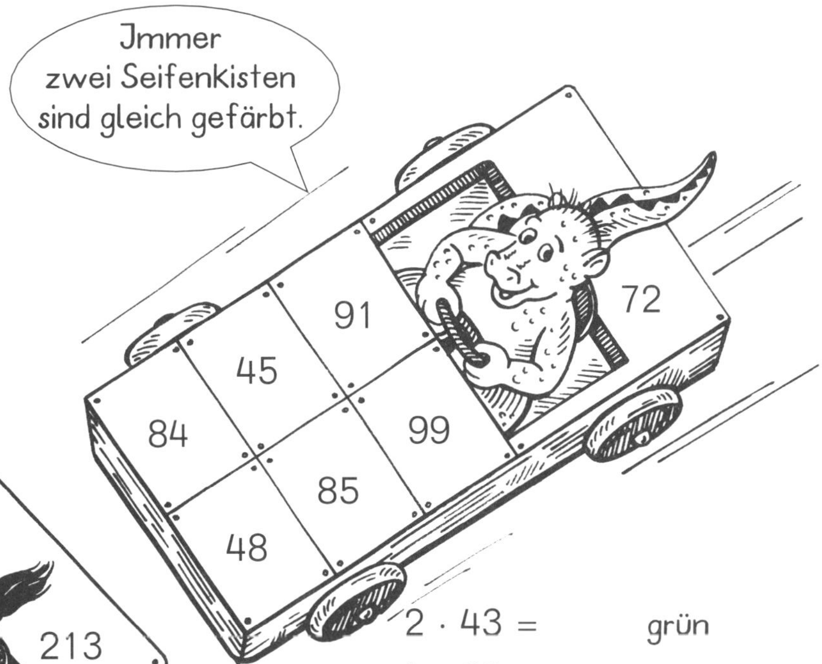

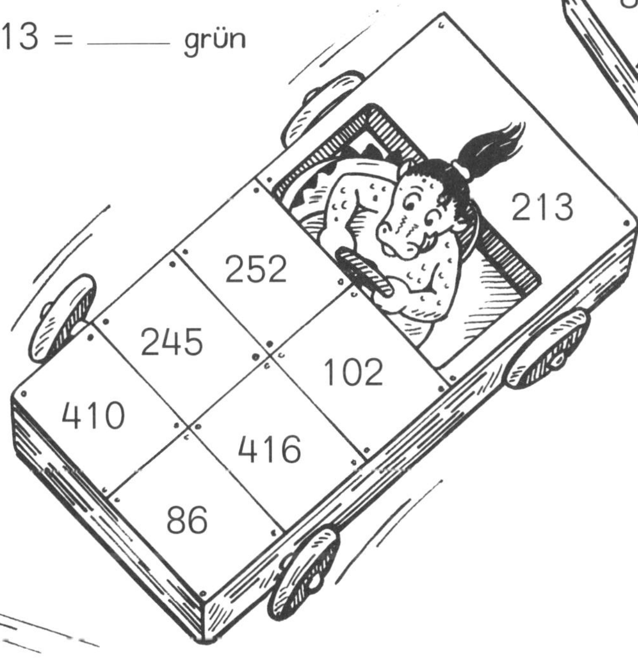

2 · 43 = grün
4 · 63 = _____ rot
3 · 71 = _____ blau
5 · 82 = _____ gelb
3 · 34 = _____ grün
7 · 35 = _____ blau
8 · 52 = _____ rot

92 · 2 = _____ gelb
75 · 4 = _____ blau
27 · 5 = _____ rot
87 · 4 = _____ grün
66 · 7 = _____ blau
46 · 3 = _____ rot
28 · 6 = _____ grün

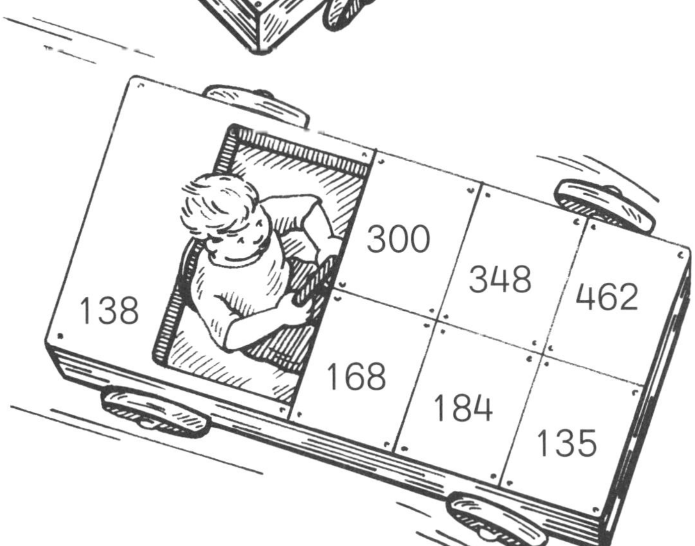

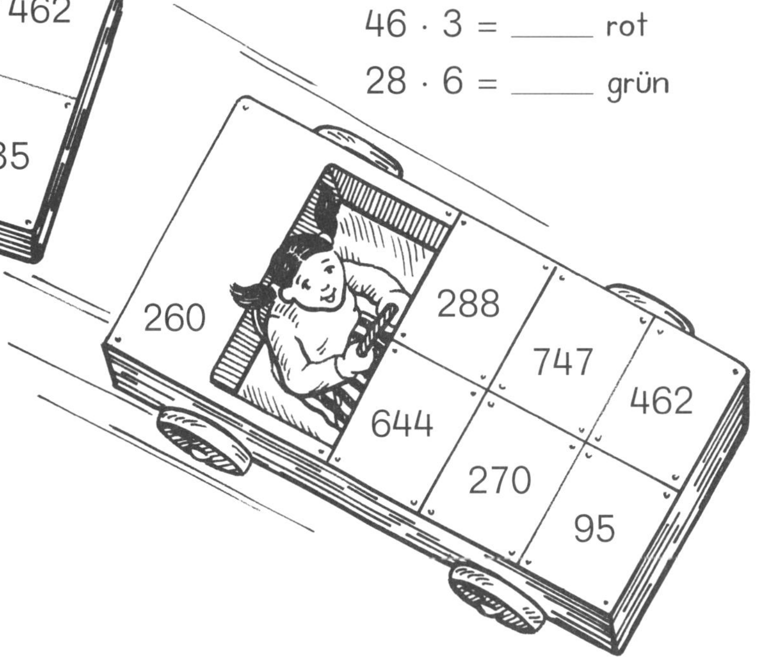

83 · 9 = _____ rot
65 · 4 = _____ blau
77 · 6 = _____ grün
19 · 5 = _____ gelb
48 · 6 = _____ grün
92 · 7 = _____ rot
54 · 5 = _____ blau

Nachbaraufgaben beim Teilen

240 : 6 = 40
246 : 6 = 41
252 : 6 = 42
258 : 6 = 43
264 : 6 = 44

1 a) 250 : 5 = ____
255 : 5 = ____
260 : 5 = ____
265 : 5 = ____

b) 160 : 4 = ____
164 : 4 = ____
168 : 4 = ____
172 : 4 = ____

2 a) 270 : 3 = ____
____
____
____

b) 450 : 9 = ____
____
____
____

c) 350 : 7 = ____
____
____
____

3 a) 70 : 7 = ____ / 77 : 7 = ____
b) 80 : 8 = ____ / 88 : 8 = ____
c) 320 : 4 = ____ / 324 : 4 = ____
d) 270 : 9 = ____ / 279 : 9 = ____

4 a) 240 : 3 = ____ / 243 : 3 = ____
b) 300 : 5 = ____ / 305 : 5 = ____
c) 490 : 7 = ____ / 497 : 7 = ____
d) 420 : 6 = ____ / 426 : 6 = ____

5 a) 180 : 6 = ____ / 186 : 6 = ____
b) ____ / 455 : 5 = ____
c) ____ / 648 : 8 = ____
d) ____ / 637 : 7 = ____

6 a) ____ / 728 : 8 = ____
b) ____ / 364 : 4 = ____
c) ____ / 546 : 6 = ____
d) ____ / 819 : 9 = ____

7 a) 150 : 5 = ____ / 155 : 5 = ____
b) 280 : 4 = ____ / 292 : 4 = ____
c) 320 : 8 = ____ / 336 : 8 = ____
d) 240 : 6 = ____ / 258 : 6 = ____

8

:	2	3	6
180			
186			
192			

:	2	4	8
160			
168			
176			

:	2	3	4
120			
132			
144			

Durch die Zahlenmühle

256

2	4	0		:4			6	0
	1	6						4
2	5	6	:	4	=		6	4

1 a) 225

2	0	0	:5	
	2	5		
2	2	5	:	5 =

b) 318

3	0	0	:6	
	1	8		
3	1	8	:	6 =

2 a) 171 :3 b) 672 :8 c) 455 :7

3 Zerlege geschickt.

a)

9	2	:	4	=		
8	0	:	4	=	2	0
1	2	:	4	=		3

b) 96 : 8 = c) 84 : 7 =

4 a) 154 : 7 = b) 576 : 6 = c) 288 : 9 =

5 a) 152 : 4 = 30 + 8 = ____
175 : 5 = ______ = ____
156 : 6 = ______ = ____

b) 497 : 7 = ______ = ____
387 : 9 = ______ = ____
784 : 8 = ______ = ____

6 a) 304 : 4 = ______ = ____
204 : 3 = ______ = ____
414 : 6 = ______ = ____

b) 504 : 7 = ______ = ____
522 : 9 = ______ = ____
616 : 8 = ______ = ____

7 Erst den größten Brocken.

a)

3	9	0	:	3	=
3	0	0	:	3	=
	9	0	:	3	=

b) 960 : 8 = c) 840 : 6 =

Teilen mit Rest

1

437

4 0 0	:5		
3 5			
2			
4 3 7 : 5 =			

270

2 4 0	:5	6 0	
2 8		7	
2		Rest 2	
2 7 0 : 4 = 6 7 R 2			

2 Bei diesen Zahlen bleibt ein Rest.

570 :7

480 :9

685 :8

3 a)

4 2 7 : 4 =		
4 0 0 : 4 =	1 0 0	
2 7 : 4 =	6	R 3

b) 6 5 0 : 6 =

c) 8 6 4 : 8 =

d) 5 4 7 : 5 =

4 a) 317 : 3 = ______ b) 626 : 6 = ______ c) 737 : 7 = ______

5 Diese Aufgaben haben besondere Ergebnisse.

a) 335 : 3 = ______ b) 447 : 4 = ______ c) 559 : 5 = ______

6 a) Kreise rot die Zahlen ein, die du ohne Rest durch 5 teilen kannst.

b) Kreise blau die Zahlen ein, die du ohne Rest durch 2 teilen kannst.

56 150 212 315 460 532 670 885 914

Übungen zum Malnehmen und Teilen

1 a)
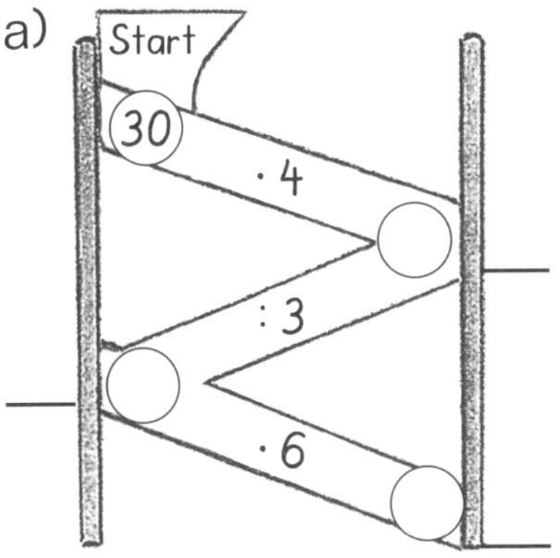

b)
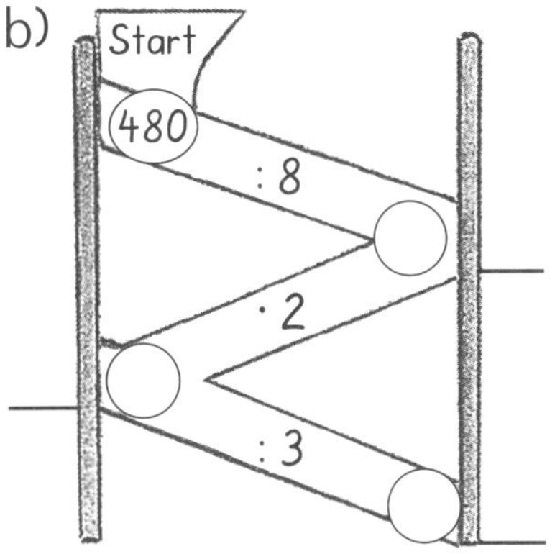

c)
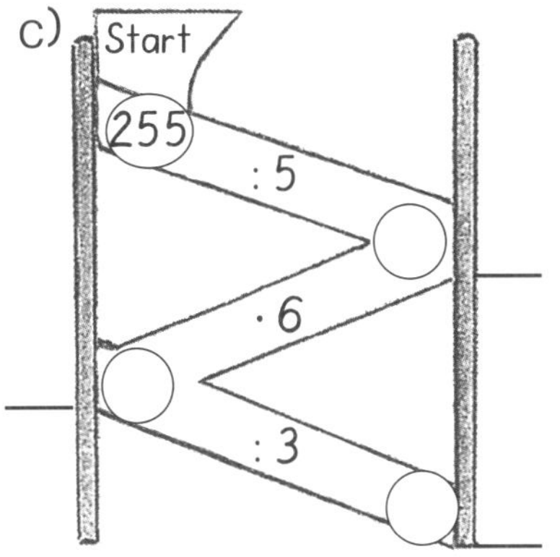

2 Färbe die Ergebnisfelder rot.

a)	b)	c)	d)
6 · 32 = ____	89 · 3 = ____	270 : 6 = ____	588 : 7 = ____
5 · 48 = ____	73 · 4 = ____	128 : 4 = ____	141 : 3 = ____
7 · 56 = ____	97 · 8 = ____	456 : 8 = ____	380 : 5 = ____
9 · 66 = ____	84 · 2 = ____	648 : 9 = ____	558 : 9 = ____

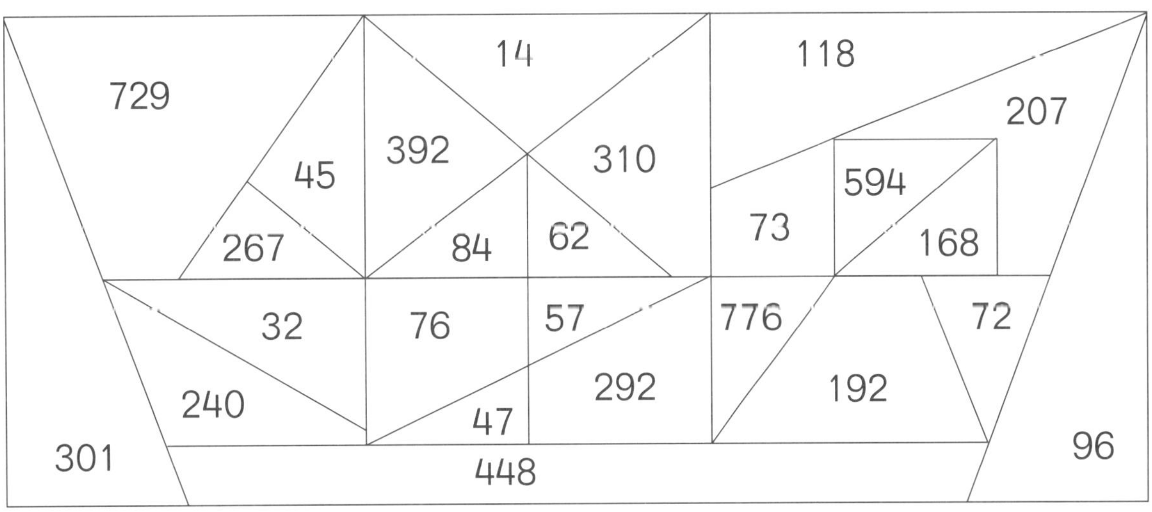

3 Trage zu jedem Ergebnis den Buchstaben ein.

7 · 32	224	D
8 · 12		
4 · 48		
9 · 18		
4 · 27		

124 : 4		
216 : 3		
194 : 2		
448 : 8		
594 : 6		

8 · 46		
7 · 72		
9 · 99		
4 · 78		
6 · 27		

31	56	72	96	97	99	108	162	192	224	312	368	504	891
N	E	S	U	T	S	N	A	K	D	M	P	R	I

Geld

1 a)

b)

7 € – 43 Cent = 7,43 €

__ € ___ Cent = ____ € ___ € ___ Cent = ____ €

2 a)

b)

c)

__ € ___ Cent = ____ € __ € ___ Cent = ____ € __ € ___ Cent = ____ €

3 a) 1 € = ____ Cent
4 € = ____ Cent
7 € = ____ Cent

b) 2 € 15 Cent = ____ Cent
3 € 8 Cent = ____ Cent
4 € 70 Cent = ____ Cent

4 a) 200 Cent = ____ €
300 Cent = ____ €
500 Cent = ____ €

b) 379 Cent = ____ € ____ Cent
104 Cent = ____ € ____ Cent
230 Cent = ____ € ____ Cent

5 a) 3,50 € = ______ Cent
4,85 € = ______ Cent
1,08 € = ______ Cent
0,63 € = ______ Cent

b) 1,60 € = ____ € ____ Cent
2,63 € = ____ € ____ Cent
3,24 € = ____ € ____ Cent
4,05 € = ____ € ____ Cent

6

370 Cent	142 Cent			303 Cent	
3 € 70 Cent		4 € 87 Cent			
3,70 €			6,05 €		4,20 €

Addieren und Subtrahieren von Geldbeträgen

1 a) 1 € – 40 Cent = ____ € b) 5 € – 20 Cent = ____ €
1 € – 50 Cent = ____ € 5 € – 50 Cent = ____ €
1 € – 70 Cent = ____ € 5 € – 35 Cent = ____ €
1 € – 15 Cent = ____ € 5 € – 52 Cent = ____ €

2 Immer zwei Geldbeträge ergeben zusammen 10 €.
Färbe die Felder in derselben Farbe.

a) 2,50 € 1,80 € 2,80 € 8,20 € 7,95 € 7,50 € 7,20 € 2,05 €

b) 4,05 € 3,60 € 6,10 € 5,50 € 4,50 € 6,40 € 3,90 € 5,95 €

3 a) 7,50 € + 2,30 € = __________ b) 4,70 € – 2,60 € = __________
8,30 € + 4,60 € = __________ 7,60 € – 3,10 € = __________
6,20 € + 3,70 € = __________ 9,40 € – 6,30 € = __________

4 Wie viel Euro kosten die Waren?
Schreibe untereinander und addiere schriftlich.

a)

4,79 €

0,87 €

b)

5,76 €

0,48 €

c)

3,85 €

4,78 €

5 Schreibe untereinander, dann subtrahiere.
a) 7,98 € – 2,45 €
b) 8,43 € – 3,28 €
c) 6,17 € – 2,49 €

Multiplizieren und Dividieren von Geldbeträgen

1 a)

b)

4 · 0,80 € = 3,20 €
4 · 80 Cent = 320 Cent

2 a) 3 · 0,20 € = ___ € b) 4 · 0,15 € = ___ € c) 5 · 0,90 € = ___ €

d) 3 · 0,60 € = ___ € e) 9 · 0,60 € = ___ € f) 8 · 0,45 € = ___ €

3 a)
3 · 2,15 € = ___ €
3 · 2 € = ___
3 · 15 Cent = ___

b)
4 · 1,12 € = ___ €

c)
2 · 3,24 € = ___ €

d)
6 · 1,20 € = ___ €

e)
2 · 4,75 € = ___ €

f)
3 · 4,25 € = ___ €

4 Wie teuer sind die Waren einzeln?

a)

6 Eier
0,90 €

b)

4 Jogurt
1,80 €

c)

8 Apfelsinen
2,80 €

0,90 € : 6 = ___ €
90 Cent : 6 = ___ Cent

5 a)
3,15 € : 3 = ___ €
3 € : 3 = ___ €
15 Cent : 3 = ___ Cent

b)
8,24 € : 4 = ___ €

c)
14,35 € : 7 = ___ €

Meter und Zentimeter

1,00 m = 1 m
1 m = 100 cm
2,40 m = 2 m 40 cm
2,40 m = 240 cm

1 a) 2 m = ____ cm
4 m = ____ cm
3 m = ____ cm

b) 100 cm = ____ m
500 cm = ____ m
600 cm = ____ m

2 a)
1 m 25 cm = ____ cm
3 m 79 cm = ____ cm

b)
4 m 60 cm = ____ cm
7 m 7 cm = ____ cm

c)
8 m 17 cm = ____ cm
1 m 99 cm = ____ cm

3 Drei Schreibweisen für dieselbe Länge. Trage ein.

235 cm	128 cm			109 cm	
2 m 35 cm		3 m 17 cm			4 m 30 cm
2,35 m			2,78 m		

4 Kleiner, größer oder gleich? Setze ein: <, >, =

a) 1 m 36 cm ☐ 1,63 m
1 m 8 cm ☐ 1,80 m
1 m 30 cm ☐ 1,03 m

b) 2,34 m ☐ 2 m 34 cm
3,78 m ☐ 3 m 87 cm
4,50 m ☐ 4 m 5 cm

5 a) 20 cm + ____ cm = 1 m
70 cm + ____ cm = 1 m
75 cm + ____ cm = 1 m
55 cm + ____ cm = 1 m

b) 93 cm + ____ cm = 1 m
81 cm + ____ cm = 1 m
17 cm + ____ cm = 1 m
43 cm + ____ cm = 1 m

6 a) 2,30 m + 1,20 m = ____ m
4,60 m + 1,30 m = ____ m
1,30 m + 4,50 m = ____ m

b) 3,70 m + 1,40 m = ____ m
2,80 m + 2,50 m = ____ m
7,60 m + 1,90 m = ____ m

7 a) 4,70 m – 2,10 m = ____ m
5,60 m – 3,50 m = ____ m
2,80 m – 0,40 m = ____ m
6,30 m – 1,20 m = ____ m

b) 3,20 m – 1,40 m = ____ m
7,50 m – 0,80 m = ____ m
5,10 m – 1,60 m = ____ m
8,40 m – 2,50 m = ____ m

Zentimeter, Millimeter

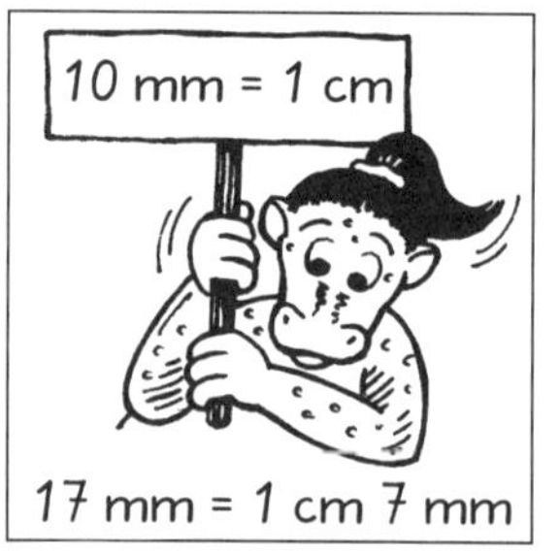

1 a) 13 mm = ___ cm ___ mm b) 2 cm 8 mm = ___ mm
24 mm = ___ cm ___ mm 1 cm 9 mm = ___ mm
18 mm = ___ cm ___ mm 9 cm 1 mm = ___ mm
35 mm = ___ cm ___ mm 4 cm 5 mm = ___ mm

2 Immer zwei Längen sind gleich. Färbe die Felder in derselben Farbe.

a) 2 cm 5 mm | 5 cm 2 mm | 52 mm | 38 mm | 3 cm 8 mm | 83 mm | 8 cm 3 mm | 25 mm

b) 44 mm | 91 mm | 9 cm 1 mm | 30 mm | 3 cm | 1 cm 9 mm | 19 mm | 4 cm 4 mm

3 Kleiner, größer oder gleich? Setze ein: <, >, =

a) 17 mm ☐ 1 cm 7 mm b) 3 cm 6 mm ☐ 63 mm
21 mm ☐ 1 cm 2 mm 1 cm 1 mm ☐ 11 mm
45 mm ☐ 5 cm 4 mm 5 cm 3 mm ☐ 35 mm

4 a) 1 mm + ____ mm = 1 cm b) 14 mm + ____ mm = 2 cm
6 mm + ____ mm = 1 cm 23 mm + ____ mm = 3 cm
2 mm + ____ mm = 1 cm 38 mm + ____ mm = 4 cm
7 mm + ____ mm = 1 cm 44 mm + ____ mm = 5 cm

5 Miss die Länge der Strecken. Wie lang sind immer drei aneinanderhängende Strecken zusammen?

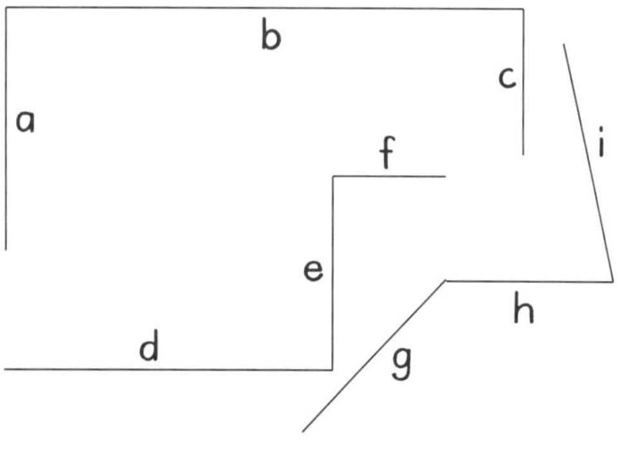

			Zusammen
a: mm	b: mm	c: mm	cm mm
d: mm	e: mm	f: mm	cm mm
g: mm	h: mm	i: mm	cm mm

Gewicht

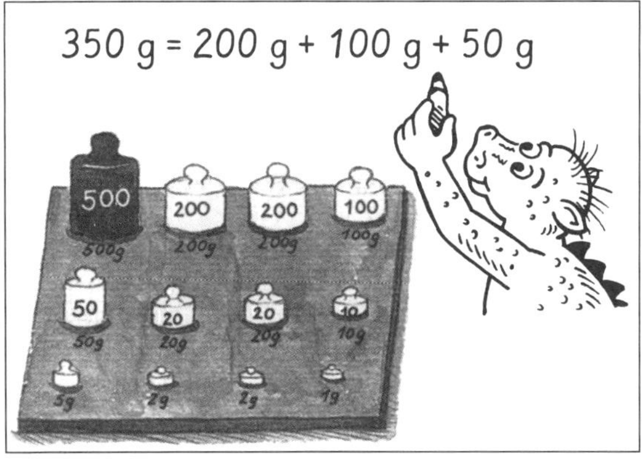

1 a) 720 g = ____________________

b) 535 g = ____________________

c) 642 g = ____________________

d) 850 g = ____________________

e) 261 g = ____________________

f) 910 g = ____________________

2

a)

500 g
100 g + ____ g
200 g + ____ g
400 g + ____ g
300 g + ____ g

b)

500 g
460 g + ____ g
180 g + ____ g
270 g + ____ g
310 g + ____ g

c)

500 g
385 g + ____ g
175 g + ____ g
225 g + ____ g
465 g + ____ g

3 Kleiner, größer oder gleich? Setze ein: <, >, =

a) 500 g ☐ $\frac{1}{2}$ kg
530 g ☐ $\frac{1}{2}$ kg
480 g ☐ $\frac{1}{2}$ kg
50 g ☐ $\frac{1}{2}$ kg

b) 250 g ☐ $\frac{1}{4}$ kg
400 g ☐ $\frac{1}{4}$ kg
40 g ☐ $\frac{1}{4}$ kg
240 g ☐ $\frac{1}{4}$ kg

4 Immer zwei Gewichte ergeben zusammen 1 kg. Färbe die Felder in derselben Farbe.

a) 300 g, 480 g, 250 g, 840 g, 750 g, 700 g, 520 g, 160 g

b) 630 g, 125 g, 963 g, 875 g, 37 g, 725 g, 275 g, 370 g

5

a)

1 kg
600 g + ____ g
510 g + ____ g
820 g + ____ g

b)

1 kg
200 g + ____ g
460 g + ____ g
120 g + ____ g

c)

1 kg
5 g + ____ g
925 g + ____ g
505 g + ____ g

Ferienreise

1 Laura fährt mit ihren Eltern in den Ferien nach Bergenfried. Bis dort sind es 340 km. Wie viel km lang sind die Hin- und Rückfahrt zusammen?

R: ______________________

A: ______________________

2 Laura und ihre Eltern fahren um 8.10 Uhr los. Nach 4 Stunden 30 Minuten Fahrzeit sind sie am Ziel.

F: ______________________

R: ______________________

A: ______________________

3 Wie viel Euro kosten zwei Wochen für Lauras Familie?

Urlaub auf dem Bauernhof
2 Wochen Übernachtung mit
Frühstück: Erwachsene: 244 €
Kinder: 128 €

4 Eine Reitstunde kostet 4 €. Laura nimmt zwölf Reitstunden.

F: ______________________

R: ______________________

A: ______________________

5 Wie lang dauern die Spaziergänge?

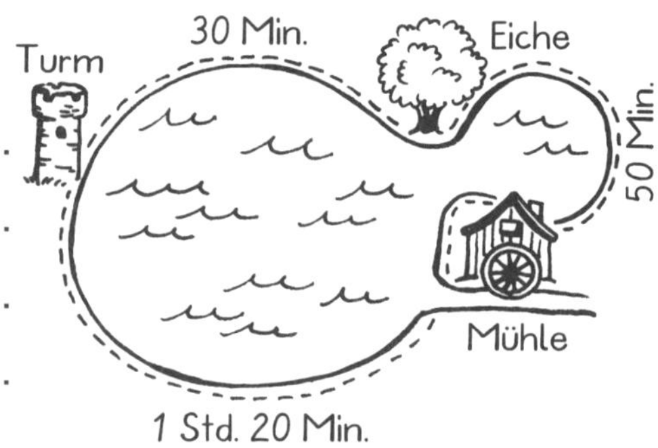

Eiche – Turm – Mühle: ____ Std. ____ Min.
Mühle – Eiche – Turm: ____ Std. ____ Min.
Turm – Mühle – Eiche: ____ Std. ____ Min.
Rund um den Talsee: ____ Std. ____ Min.

6 Im Café „Schöne Aussicht“ trinken Lauras Eltern je eine Tasse Kaffee für 1,20 €. Laura trinkt ein Glas Apfelsaft für 0,80 €. Der Vater bezahlt mit zwei 2-Euro-Münzen.

F: ______________________

R: ______________________

A: ______________________

Im Computermarkt

Rechner 629 €

Monitor
248 €

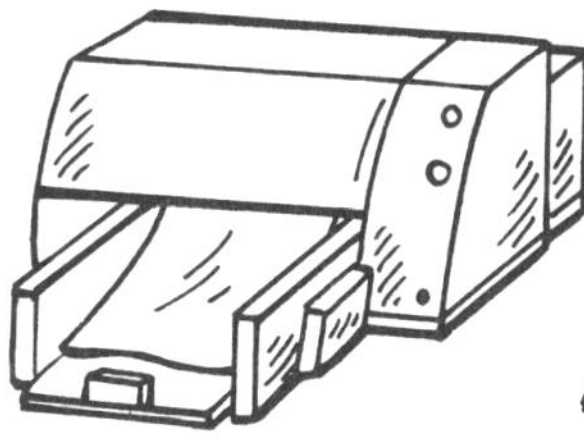
Drucker 189 €

Scanner 98 €

1 a)

A: ______________________

b)

A: ______________________

c)

A: ______________________

d)

A: ______________________

2

F: ______________________

A: ______________________

3

F: ______________________

A: ______________________

Im Computermarkt

Maus
24,60 €

Cassetten
6er-Pack
8,40 €

Video-Cassetten
3er-Pack 12,90 €

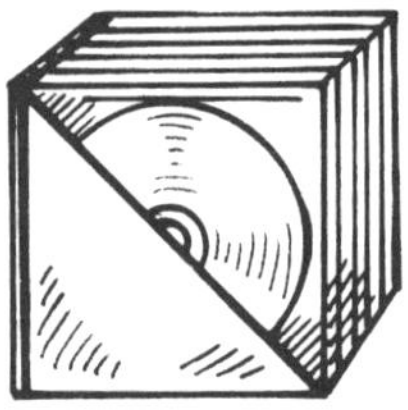
CD-Rohlinge
5er-Pack
6,50 €

Computer-Spiele
Stück 30,90 €

1 Wie teuer sind die Waren?

a)

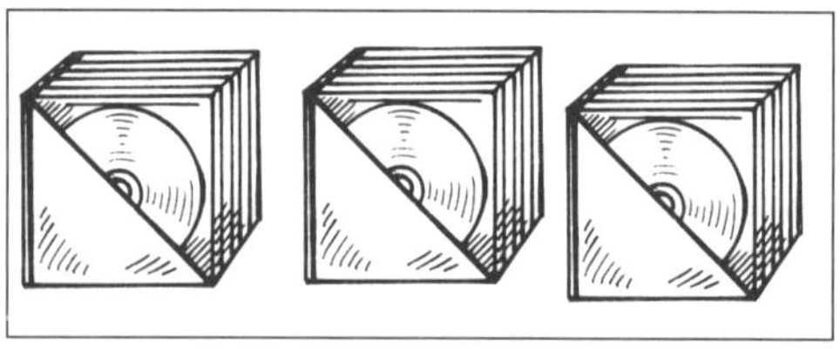

A: ____________________

b)

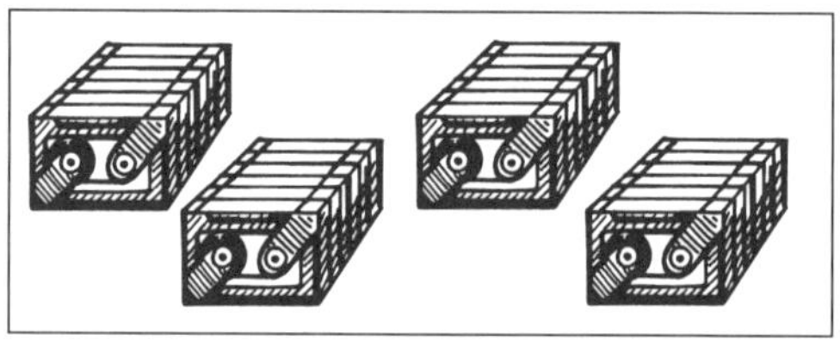

A: ____________________

c)

A: ____________________

d)

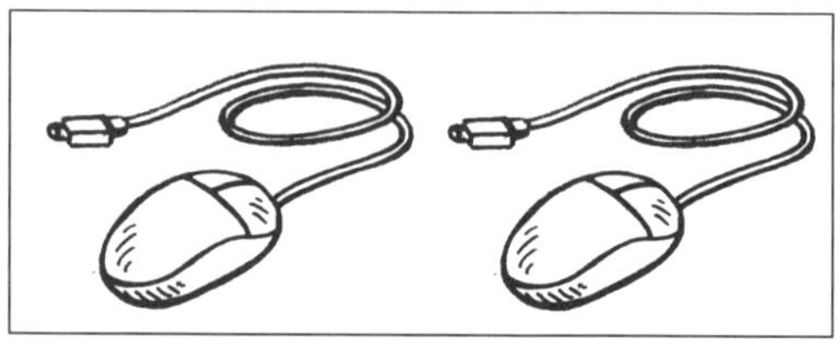

A: ____________________

2 Wie teuer ist jeweils ein Stück? Trage ein.

5 CD-Rohlinge 6,50 €	3 Video-Cassetten 12,90 €	6 Cassetten TDX 8,40 €
1 CD-Rohling	1 Video-Cassette	1 Cassette TDX

Im Supermarkt

1 a) Frau Bartels kauft 2 Salatköpfe.

Salat Kopf 0,79 €

F: ____________________

R: ____________________

A: ____________________

b) Anne kauft 5 Kiwis.

Kiwis Stück 0,18 €

F: ____________________

R: ____________________

A: ____________________

2 Herr Rollnick kauft 3 Liter Milch, der Liter für 0,45 €, und 2 Pakete Quark für je 0,60 €.

F: ____________________

A: ____________________

3 Antonio kauft 6 Apfelsinen für zusammen 2,40 €.

F: ____________________

R: ____________________

A: ____________________

4 Im Kühlregal stehen 4 Reihen mit je 28 Jogurt.

F: ____________________

A: ____________________

5 Am Morgen liefert der Bäcker 540 Brötchen an. Bis zum Mittag werden 378 Brötchen verkauft.

F: ____________________

A: ____________________

6 Frau Blauert hat für 31,78 € eingekauft. Sie zahlt an der Kasse mit einem 50-€-Schein.

F: ____________________

A: ____________________

Das Zweihunderterfeld

1. Färbe die Zahlenfelder rot.
Du siehst dann zwei Buchstaben.
62, 163, 26, 126, 48, 143, 35, 135, 70, 176, 44, 144, 54, 154, 37, 133, 53, 153, 59, 165, 56, 123, 58, 173, 57, 55

2. In welchen Zahlenfeldern steht ein Punkt?
38, 64, 87, 104, 124, 150, 167, 172, 196

3. Trage die fehlenden Zahlen ein.
a) 151 **152 153** / **161 162 163** / **171 172 173**
b) **123 124 125** / **133 134 135** / **143 144** 145
c) **178 179 180** / **188 189** 190 / **198 199 200**

4. a) 38 + 20 = **58**; 138 + 20 = **158**
b) 57 + 40 = **97**; 157 + 40 = **197**
c) 24 + 50 = **74**; 124 + 50 = **174**

5. a) 77 − 30 = **47**; 177 − 30 = **147**
b) 95 − 50 = **45**; 195 − 50 = **145**
c) 83 − 60 = **23**; 183 − 60 = **123**

6. a) 69 − 40 = **29**; 169 − 40 = **129**
b) 86 − 70 = **16**; 186 − 70 = **116**
c) 98 − 90 = **8**; 198 − 90 = **108**

Rechnen bis 200

38 + 35 = 73 138 + 35 = 173
Alles ganz leicht!

1. Rechne an den Hunderterfeldern.
a) 32 + 45 = **77**; 132 + 45 = **177**
b) 57 + 24 = **81**; 157 + 24 = **181**
c) 29 + 56 = **85**; 129 + 56 = **185**

2. a) 127 + 34 = **161**; 143 + 26 = **169**; 135 + 37 = **172**
b) 158 + 35 = **193**; 126 + 46 = **172**; 149 + 17 = **166**
c) 117 + 64 = **181**; 125 + 59 = **188**; 136 + 45 = **181**

3. a) 67 − 14 = **53**; 167 − 14 = **153**
b) 82 − 35 = **47**; 182 − 35 = **147**
c) 94 − 45 = **49**; 194 − 45 = **149**

4. a) 178 − 25 = **153**; 191 − 36 = **155**; 164 − 38 = **126**
b) 200 − 73 = **127**; 200 − 84 = **116**; 200 − 65 = **135**
c) 192 − 45 = **147**; 185 − 39 = **146**; 171 − 26 = **145**

5. Löse erst die leichten Aufgaben.

149 − 39 = **110**	149 − 40 = **109**	149 − 41 = **108**
150 − 39 = **111**	150 − 40 = **110**	150 − 41 = **109**
151 − 39 = **112**	151 − 40 = **111**	151 − 41 = **110**
152 − 39 = **113**	152 − 40 = **112**	152 − 41 = **111**

Zahlenstrahl bis 200

1. Bei welchen Zahlen stehen die Ballons? Trage die Zahlen ein.
113, 119, 125, 128, 133
147 < 154 — links, rechts

2. Bei welchen Zahlen stehen die Ballons?
142, 149, 155, 162, 168, 176, 184, 191, 200

3. Kleiner oder größer? Setze ein: <, >
a) 140 < 148; 153 > 150; 167 > 160
b) 154 < 158; 172 < 177; 189 > 181
c) 199 > 180; 122 < 134; 145 < 185

4. Kleiner oder größer? Setze ein: <, >
a) 134 < 143; 165 > 156; 176 > 167
b) 124 < 142; 178 < 187; 153 > 135
c) 122 < 144; 138 < 183; 154 > 145

5. Immer über die 100.
a) 99 + 5 = **104**; 98 + 5 = **103**; 97 + 5 = **102**; 96 + 5 = **101**
b) 99 + 6 = **105**; 98 + 6 = **104**; 97 + 6 = **103**; 96 + 6 = **102**
c) 95 + 7 = **102**; 98 + 3 = **101**; 99 + 8 = **107**; 94 + 7 = **101**
d) 97 + 8 = **105**; 95 + 9 = **104**; 96 + 6 = **102**; 92 + 9 = **101**

6. a) 101 − 6 = **95**; 102 − 6 = **96**; 103 − 6 = **97**; 104 − 6 = **98**
b) 101 − 5 = **96**; 102 − 5 = **97**; 103 − 5 = **98**; 104 − 5 = **99**
c) 102 − 7 = **95**; 105 − 8 = **97**; 103 − 4 = **99**; 106 − 9 = **97**
d) 101 − 8 = **93**; 101 − 9 = **92**; 104 − 9 = **93**; 105 − 7 = **98**

Hunderter, Zehner, Einer

1. Wie viele Hunderter, Zehner und Einer sind es? Wie heißt die Zahl?
3 H 4 Z 2 E; 300 + 40 + 2; 342 (dreihundertzweiundvierzig)
a) **3** H **2** Z **5** E; **300+20+5**; **325**
b) **2** H **4** Z **3** E; **200+40+3**; **243**

2. a) **4** H **3** Z **5** E; **400+30+5**; **435**
b) **3** H **3** Z **6** E; **300+30+6**; **336**
c) **4** H **0** Z **3** E; **400+3**; **403**

3. Schreibe nur die Zahl auf.
a) **241** b) **445** c) **402**

4. a) **340** b) **605** c) **130**

5. Nun umgekehrt: Zeichne zu der Zahl Hunderter, Zehner, Einer.
a) 315 b) 246 c) 153

6. a) 306 b) 230 c) 164

Hunderter, Zehner, Einer

1. Wie heißt die Zahl?
3 H 4 Z 6 E; 300 + 40 + 6 = 346
a) 3 H 5 Z 2 E; 300 + 50 + 2 = **352**
b) 3 H 3 Z 7 E; **300+30+7=337**

2. a) 5 H 6 Z 7 E; **500+60+7=567**
b) 4 H 8 Z 3 E; **400+80+3=483**
c) 8 H 2 Z 4 E; **800+20+4=824**
d) 9 H 4 E; **900+4=904**
e) 7 H 3 Z; **700+30=730**
f) 6 H 9 E; **600+9=609**

3. Trage in die Stellentafel ein und schreibe ausführlich.

a)

	H	Z	E	
479	4	7	9	400 + 70 + 9
382	**3**	**8**	**2**	**300+80+2**
729	**7**	**2**	**9**	**700+20+9**
981	**9**	**8**	**1**	**900+80+1**
674	**6**	**7**	**4**	**600+70+4**

b)

	H	Z	E	
509	**5**	**0**	**9**	**500+9**
780	**7**	**8**	**0**	**700+80**
405	**4**	**0**	**5**	**400+5**
690	**6**	**9**	**0**	**600+90**
909	**9**	**0**	**9**	**900+9**

4. Wie heißt die Zahl?
10 E = 1 Z; 15 E = 1 Z 5 E; 10 Z = 1 H; 14 Z = 1 H 4 Z
a) 12 E = **1** Z **2** E = **12**
b) 20 E = **2** Z = **20**
c) 24 E = **2 Z 4 E** = **24**
d) 30 E = **3 Z** = **30**
e) 35 E = **3 Z 5 E** = **35**
f) 40 E = **4 Z** = **40**

5. a) 56 E = **5 Z 6 E** = **56**
b) 62 E = **6 Z 2 E** = **62**
c) 84 E = **8 Z 4 E** = **84**
d) 98 E = **9 Z 8 E** = **98**

6. Wie heißt die Zahl?
a) 14 Z = **1** H **4** Z = **140**
b) 17 Z = **1** H **7** Z = **170**
c) 27 Z = **2 H 7 Z** = **270**
d) 35 Z = **3 H 5 Z** = **350**
e) 58 Z = **5 H 8 Z** = **580**
f) 66 Z = **6 H 6 Z** = **660**

7. a) 43 Z = **4 H 3 Z** = **430**
b) 52 Z = **5 H 2 Z** = **520**
c) 74 Z = **7 H 4 Z** = **740**
d) 89 Z = **8 H 9 Z** = **890**

Zahlenstrahl bis 1000

1. Bei welchen Zahlen stehen die Ballons? Trage die Zahlen ein.
459, 467, 475, 485
365 < 376 — links, rechts

2. Bei welchen Zahlen stehen die Ballons?
a) **542, 549, 555, 563**
b) **782, 789, 795, 803**

3. Kleiner oder größer? Setze ein: <, >
a) 362 < 372; 367 > 360; 378 > 368
b) 459 < 469; 471 > 461; 473 < 483
c) 476 > 467; 478 < 487; 460 < 480

4. a) 565 > 556; 549 < 559
b) 805 > 795; 801 < 810
c) 903 < 930; 535 < 553

5. Bei welcher Zahl steht der Ballon? Ergänze zu den beiden Nachbarzehnern.
372; 372 + 8 = 380; 372 − 2 = 370
a) **466**; **466+4=470**; **466−6=460**
b) **737**; **737+3=740**; **737−7=730**
c) **893**; **893+7=900**; **893−3=890**
d) **604**; **604+6=610**; **604−4=600**
e) **997**; **997+3=1000**; **997−7=990**

Zahlenstrahl bis 1000

1. Bei welchen Zahlen stehen die Ballons? Trage die Zahlen ein.
290, 370, 460, 540
350 < 460 — links, rechts

2. Bei welchen Zahlen stehen die Ballons?
a) **520, 590, 650, 730**
b) **680, 770, 880**

3. Bei welcher Zahl steht der Ballon? Ergänze zu den beiden Nachbarhundertern.
430; 430 + 70 = 500; 430 − 30 = 400
a) **460**; **460+40=500**; **460−60=400**
b) **770**; **770+30=800**; **770−70=700**
c) **820**; **820+80=900**; **820−20=800**
d) **640**; **640+60=700**; **640−40=600**
e) **970**; **970+30=1000**; **970−70=900**

4. Ergänze zu den beiden Nachbarhundertern.
a) 460 + **40** = 500; 460 − **60** = 400
b) 720 + **80** = **800**; 720 − **20** = **700**
c) 370 + **30** = **400**; 370 − **70** = **300**
d) 240 + **60** = **300**; 240 − **40** = **200**
e) 910 + **90** = **1000**; 910 − **10** = **900**
f) 850 + **50** = **900**; 850 − **50** = **800**

Rechnen in verschiedenen Hundertern

636 + 40 = 676 736 + 40 = 776

1. a) 612 + 30 = **642**; 712 + 30 = **742**
b) 643 + 40 = **683**; 743 + 40 = **783**
c) 657 + 20 = **677**; 757 + 20 = **777**
d) 632 + 60 = **692**; 732 + 60 = **792**

2. a) 320 + 50 = **370**; 520 + 50 = **570**; 920 + 50 = **970**
b) 430 + 60 = **490**; 730 + 60 = **790**; 830 + 60 = **890**
c) 240 + 30 = **270**; 540 + 30 = **570**; 940 + 30 = **970**

3. a) 420 + 60 = **480**; 425 + 60 = **485**; 429 + 60 = **489**
b) 510 + 80 = **590**; 514 + 80 = **594**; 518 + 80 = **598**
c) 740 + 50 = **790**; 743 + 50 = **793**; 748 + 50 = **798**

4. a) 380 − 30 = **350**; 580 − 30 = **550**; 780 − 30 = **750**; 980 − 30 = **950**
b) 990 − 50 = **940**; 890 − 50 = **840**; 690 − 50 = **640**; 390 − 50 = **340**
c) 470 − 40 = **430**; 670 − 40 = **630**; 270 − 40 = **230**; 970 − 40 = **930**

5. a) −40: 360 **320**; 362 **322**; 365 **325**; 369 **329**
b) −60: 580 **520**; 583 **523**; 586 **526**; 588 **528**
c) −30: 870 **840**; 874 **844**; 877 **847**; 879 **849**
d) −70: 690 **620**; 692 **622**; 695 **625**; 698 **628**

6. a) 460 − 30 = **430**; 270 − 50 = **220**; 750 − 20 = **730**; 380 − 40 = **340**
b) 580 − 50 = **530**; 970 − 30 = **940**; 860 − 40 = **820**; 650 − 10 = **640**
c) 790 − 80 = **710**; 680 − 70 = **610**; 460 − 60 = **400**; 270 − 50 = **220**

Rechnen mit den Hundertertafeln

847 + 35 =; 847 + 30 = 877; 877 + 5 = 882

1. Rechne schrittweise.
a) 845 + 36 = **881**; 845 + **30** = **875**; **875 + 6 = 881**
b) 848 + 37 = **885**; 848 + **30** = **878**; **878 + 7 = 885**
c) 837 + 35 = **872**; 837 + **30** = **867**; **867 + 5 = 872**
d) 829 + 38 = **867**; 829 + **30** = **859**; **859 + 8 = 867**

2. Erst ..., dann ...
a) 827 + 45 = **872**; 327 + 45 = **372**; 627 + 45 = **672** (erst 40, dann 5)
b) 864 + 27 = **891**; 264 + 27 = **291**; 564 + 27 = **591** (erst **20**, dann **7**)

3. a) 432 + 36 = **468**; 543 + 36 = **579**
b) 648 + 45 = **693**; 339 + 45 = **384**
c) 917 + 57 = **974**; 726 + 57 = **783**

4. a) 892 − 36 = **856**; 592 − 36 = **556**; 792 − 36 = **756** (erst **30**, dann **6**)
b) 683 − 45 = **638**; 983 − 45 = **938**; 483 − 45 = **438** (erst **40**, dann **5**)

5. a) 384 − 27 = **357** (erst **20**, dann **7**); 573 − 55 = **518** (erst **50**, dann **5**)
b) 793 − 64 = **729** (erst **60**, dann **4**); 875 − 38 = **837** (erst **30**, dann **8**)

6. a) 477 − 24 = **453**; 968 − 34 = **934**; 555 − 44 = **511**
b) 583 − 45 = **538**; 854 − 36 = **818**; 272 − 18 = **254**
c) 791 − 55 = **736**; 685 − 67 = **618**; 472 − 58 = **414**

7. a) 568 + 26 = **594**; 483 − 34 = **449**
b) 652 − 44 = **608**; 309 + 53 = **362**
c) 291 − 53 = **238**; 716 + 65 = **781**

Rechnen bis 1000 — 11

Rechnen mit Hunderter-Zehner-Zahlen

1 Schreibe die Aufgabe und rechne.

430 + 150 = 580
430 + 100 = 530
530 + 50 = 580

320 + 240 = ___
320 + 200 = 520
520 + 40 = 560

2 a)
760 − 140 = 620
760 − 100 = 660
660 − 40 = 620

b)
850 − 240 = 610
850 − 200 = 650
650 − 40 = 610

4 a)

+	300	500	400
130	430	630	530
420	720	920	820
350	650	850	750

b)

+	240	320	450
230	470	550	680
310	550	630	760
440	680	760	890

5 a) 900 − 300 = 600; 700 − 400 = 300
b) 1000 − 400 = 600; 1000 − 700 = 300
c) 800 − 700 = 100; 700 − 500 = 200

6 a) 930 − 400 = 530; 930 − 200 = 730; 930 − 600 = 330
b) 740 − 500 = 240; 740 − 200 = 540; 740 − 600 = 140
c) 880 − 600 = 280; 880 − 300 = 580; 880 − 500 = 380

7 a)

−	500	200	600
840	340	640	240
930	430	730	330
780	280	580	180

b)

−	240	150	360
780	540	630	420
970	750	820	610
890	650	740	530

Rechnen bis 1000 — 12

Mit Zehnern über den Hunderter

1 Wie heißt die Aufgabe? Rechne.

560 + 60 = 620
560 + 40 = 600
600 + 20 = 620

770 + 50 = 820
770 + 30 = 800
800 + 20 = 820

650 + 70 = ___
650 + 50 = 700
700 + 20 = 720
erst 50 dann 20

2 Erst ..., dann ...
a) 680 + 50 = 730 (erst 20 dann 30)
490 + 70 = 560 (erst 10 dann 60)
b) 770 + 60 = 830 (erst 30 dann 30)
550 + 70 = 620 (erst 50 dann 20)

3 Wie heißt die Aufgabe? Rechne.
a) 520 − 50 = 470; 520 − 20 = 500; 500 − 30 = 470
b) 930 − 70 = 860; 930 − 30 = 900; 900 − 40 = 860
c) 450 − 70 = 470; 450 − 50 = 400; 400 − 20 = 380

4 a) 720 − 60 = 660 (erst 20 dann 40)
530 − 80 = 450 (erst 30 dann 50)
b) 940 − 50 = 890 (erst 40 dann 10)
850 − 80 = 770 (erst 50 dann 30)

5 Mit Einern über den Hunderter
a) 198 + 5 = 203; 398 + 5 = 403
b) 297 + 8 = 305; 797 + 8 = 805
c) 495 + 7 = 502; 895 + 7 = 902
d) 599 + 6 = 605; 696 + 9 = 705

6 a) 204 − 6 = 198; 704 − 6 = 698
b) 903 − 7 = 896; 403 − 7 = 396
c) 805 − 9 = 796; 305 − 9 = 296
d) 502 − 8 = 494; 606 − 7 = 599

Rechnen bis 1000 — 13

Plus und Minus mit großen Zahlen

1 Wie heißt die Aufgabe? Rechne.

480 + 150 = 630
480 + 100 = 580
580 + 50 = 630

770 + 160 = 930
770 + 100 = 870
870 + 60 = 930

670 + 150 = ___
670 + 100 = 770
770 + 50 = 820
erst 100 dann 50

2 Erst ..., dann ...
a) 480 + 260 = 740 (erst 200 dann 60)
560 + 350 = 910 (erst 300 dann 50)
b) 370 + 440 = 810 (erst 400 dann 40)
490 + 450 = 940 (erst 400 dann 50)

3 Wie heißt die Aufgabe? Rechne.
a) 720 − 240 = 480; 720 − 200 = 520; 520 − 40 = 480
b) 930 − 250 = 680; 930 − 200 = 730; 730 − 50 = 680

4 Erst ..., dann ...
a) 730 − 250 = 480 (erst 200 dann 50)
910 − 460 = 450 (erst 400 dann 60)
b) 840 − 550 = 290 (erst 500 dann 50)
720 − 460 = 260 (erst 400 dann 60)

5 a) 820 − 460 = 360; 380 + 270 = 650; 540 − 180 = 360
b) 930 − 450 = 480; 840 − 360 = 480; 250 + 260 = 510
c) 620 − 550 = 70; 380 + 380 = 760; 720 − 530 = 190

Rechnen bis 1000 — 14

Aufgabe und Umkehraufgabe

1 a) vorher 490 (+250 / −250) nachher 740
b) vorher 180 (+180 / −180) nachher 360
c) 550 (−350 / +350) 200
d) 880 (−260 / +260) 620

Aufgabe: vorher 380 (+250 / −250) nachher 630 — Umkehraufgabe

2 Löse mit der Umkehraufgabe.
a) 520 (+360 / −360) 880
b) 470 (+280 / −280) 750
c) 390 (+420 / −420) 810
d) 830 (−250 / +250) 580
e) 550 (−180 / +180) 370
f) 820 (−360 / +360) 460

3 a) 220 + 180 = 400; 350 + 250 = 600
b) 500 + 240 = 740; 600 + 360 = 960
c) 180 + 180 = 360; 370 + 270 = 640

4 a) 420 − 120 = 300; 090 − 010 = 080; 670 − 430 = 240
b) 540 − 300 = 240; 930 − 500 = 430; 780 − 600 = 180
c) 430 − 150 = 280; 820 − 350 = 470; 970 − 460 = 510

5 Wie heißt der Rechenbefehl?
a) vorher 250 −350→ nachher 600; 380 −420→ 800
b) 360 +340→ 700; 470 +530→ 1000
c) 580 +340→ 920; 290 +320→ 610

6 Wie heißt der Rechenbefehl?
a) 870 −400→ 470; 930 −600→ 330
b) 700 −250→ 450; 900 −430→ 470
c) 820 −140→ 680; 750 −260→ 490

7 a) 650 − 400 = 250; 380 − 200 = 180; 910 − 100 = 810
b) 770 − 250 = 520; 340 − 230 = 110; 980 − 740 = 240
c) 450 − 270 = 180; 560 − 290 = 270; 930 − 440 = 490

Schriftliches Addieren — 15

Schriftliches Addieren in der Stellentafel

Zuerst die Einer, dann die Zehner, dann die Hunderter.
325 + 471 = 796 (1E + 5E = 6E; 7Z + 2Z = 9Z; 4H + 3H = 7H)

1 a) 894 b) 679 c) 897 d) 959 e) 999

2 a) 689 b) 666 c) 888 d) 789 e) 999

Zuerst die Einer, dann die Zehner, dann die Hunderter.
378 + 454 = 832 (4E + 8E = 12E, 12E = 1Z 2E; 8Z + 7Z + 1Z = 13Z, 13Z = 1H 3Z; 5H + 3H + 8H... = 8H)

3 a) 792 b) 562 c) 907 d) 938 e) 949

4 a) 733 b) 963 c) 705 d) 551 e) 931

Schriftliches Addieren — 16

Schriftliches Addieren mit Überschreiten

Zuerst die Einer, dann die Zehner, dann die Hunderter.
459 + 364 = 823 (Schreibe 3, überträge 1; Schreibe 2, überträge 1; Schreibe 8)

1 Zuerst die Einer, dann die Zehner, dann die Hunderter.
a) 578 + 214 = 792 b) 639 + 245 = 884 c) 483 + 352 = 835 d) 265 + 374 = 639 e) 352 + 567 = 919

2 a) 388 + 256 = 644 b) 194 + 487 = 681 c) 566 + 364 = 930 d) 837 + 64 = 901 e) 748 + 162 = 910

3 Schreibe untereinander, dann rechne.
a) 438 + 182 = 620
b) 507 + 293 = 800
c) 313 + 88 = 401
d) 209 + 395 = 604

4 Addieren mit drei Summanden.
a) 247 + 153 + 278 = 678
b) 136 + 348 + 222 = 706
c) 483 + 95 + 206 = 784
d) 574 + 98 + 111 = 783
e) 308 + 253 + 77 = 638

5 a) 364 + 208 + 133 = 705
b) 463 + 77 + 108 = 648
c) 236 + 488 + 72 = 796
d) 164 + 436 + 203 = 803
e) 255 + 355 + 43 = 653

Schriftliches Addieren — 17

Schriftliches Addieren mit Kommazahlen

1 Was kostet es zusammen?
a) 1,39 € + 8,40 € = 9,79 €
b) 2,95 € + 4,95 € = 7,90 €
c) 1,99 € + 7,50 € = 9,49 €
d) 3,40 € + 0,39 € + 2,99 € = 6,78 €

2 Schreibe untereinander, dann rechne.
a) 5,45 € + 1,75 € = 7,20 €
b) 3,08 € + 2,99 € = 6,07 €
c) 16,75 € + 3,65 € = 20,40 €
d) 7,89 € + 12,49 € = 20,38 €

3 Ina kauft ein Ringbuch zu 1,89 Euro und Klarsichthüllen zu 3,49 Euro.
Frage: Wie viel Euro muss Ina bezahlen?
Antwort: Ina muss 5,38 Euro bezahlen.
Rechnung: 1,89 € + 3,49 € = 5,38 €

4 Steffen kauft ein Bilderalbum zu 5,09 €, einen Film zu 3,31 € und einen dicken Block zu 2,89 €.
Frage: Wie viel Euro muss Steffen bezahlen?
Antwort: Steffen muss 11,29 Euro bezahlen.
Rechnung: 5,09 € + 3,31 € + 2,89 € = 11,29 €

Schriftliches Subtrahieren — 18

Schriftliches Subtrahieren ohne Überschreiten

Zuerst die Einer, dann die Zehner, dann die Hunderter.
857 − 243 = 614 (3E + 4E = 7E; 4Z + 1Z = 5Z; 2H + 6H = 8H)

1 a) 716 b) 422 c) 322 d) 243 e) 230

2 a) 216 b) 417 c) 207 d) 700 e) 210

3 Zuerst die Einer, dann die Zehner, dann die Hunderter.
a) 654 − 231 = 423 b) 429 − 103 = 326 c) 763 − 161 = 602 d) 968 − 504 = 464 e) 567 − 32 = 535

4 Schreibe untereinander, dann subtrahiere.
a) 438 − 215 = 223
b) 753 − 31 = 722
c) 876 − 63 = 813
d) 955 − 105 = 850

5 Addiere die beiden Ergebnisse. Du erhältst besondere Zahlen.
a) 748 − 612 = 136; 497 − 411 = 86; 136 + 86 = 222
b) 976 − 735 = 241; 898 − 362 = 536; 241 + 536 = 777

Schriftliches Subtrahieren — 19

Schriftliches Subtrahieren mit Überschreiten

Zuerst die Einer, dann die Zehner, dann die Hunderter.
762 − 235 = 527 (5 + 7 = 12, Schreibe 7, überträge 1; 4 + 2 = 6, Schreibe 2; 2 + 5 = 7, Schreibe 5)

1 Zuerst die Einer, dann die Zehner, dann die Hunderter.
a) 428 − 175 = 253 b) 347 − 209 = 138 c) 692 − 64 = 628 d) 817 − 159 = 658 e) 546 − 277 = 269

2 Achte auf Überträge.
a) 378 − 184 = 194 b) 640 − 217 = 423 c) 483 − 68 = 415 d) 903 − 148 = 755 e) 752 − 357 = 395

3 Schreibe untereinander, dann subtrahiere.
a) 481 − 253 = 228
b) 754 − 578 = 176
c) 567 − 309 = 258
d) 263 − 58 = 205

4 Rechne zu jeder Aufgabe die Probe.
a) Aufgabe: 742 − 368 = 374; Probe: 374 + 368 = 742
b) Aufgabe: 627 − 219 = 408; Probe: 408 + 219 = 627
c) Aufgabe: 834 − 357 = 477; Probe: 477 + 357 = 834

Üben macht Spaß

1 Schreibe untereinander, dann subtrahiere. Du erhältst besondere Ergebnisse.

a) 857 – 191
b) 536 – 92
c) 719 – 164
d) 626 – 293

a) 857 – 191 = **666** b) 536 – 92 = **444** c) 719 – 164 = **555** d) 626 – 293 = **333**

2 Schreibe zu jedem Ergebnis den zugehörigen Buchstaben. Du erhältst ein Lösungswort.

802 – 347 = **455** 625 – 304 = **321** 784 – 217 = **567** 538 – 189 = **349** 472 – 89 = **383** 736 – 427 = **309**

S P I T Z E

349	T	309	E	321	P	383	Z	455	S	567	I

3 Am Sonntag hat das Schwimmbad 874 Eintrittskarten verkauft. Am Montag sind es 339 Karten weniger.
F: **Wie viele Eintrittskarten sind es am Montag?**
A: **Am Montag sind es 535 Eintrittskarten.**
Rechnung: 874 – 339 = **535**

4 Färbe die Felder mit den Ergebniszahlen rot.

348 – 125 = **223** 813 – 546 = **267** 609 – 77 = **532** 567 – 176 = **391** 701 – 209 = **492** 348 – 272 = **76**

721 – 219 = **502** 438 – 209 = **229** 913 – 125 = **788** 248 – 178 = **70** 429 – 319 = **110** 239 – 108 = **131**

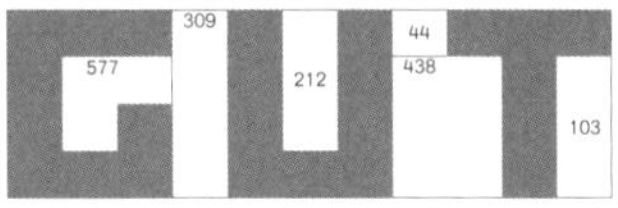

Schriftliches Subtrahieren von Kommazahlen

10,00 € – 2,35 € = 7,65 €

1 Wie viel Euro bekommen die Kunden zurück?

a) 10,00 € – 6,75 € = **3,25 €** b) 20,00 € – 12,25 € = **7,75 €** c) 50,00 € – 18,45 € = **31,55 €** d) 50,00 € – 12,49 € = **37,51 €**

2 Schreibe untereinander, dann rechne.

a) 4,79 € – 2,35 €
b) 8,37 € – 5,52 €
c) 9,82 € – 3,47 €
d) 7,65 € – 6,78 €

a) **4,79 € – 2,35 € = 2,44 €** b) **8,37 € – 5,52 € = 2,85 €** c) **9,82 € – 3,47 € = 6,35 €** d) **7,65 € – 6,78 € = 0,87 €**

3 Vincent kauft eine Musik-CD für 7,89 €. Er bezahlt mit einem 10-€-Schein.
Frage: **Wie viel Euro bekommt er zurück?**
Antwort: **Er bekommt 2,11 Euro zurück.**
Rechnung: **10,00 € – 7,89 € = 2,11 €**

4 Jenny kauft eine Hörspiel-Cassette für 6,45 € und ein Buch für 8,70 €. Sie bezahlt mit einem 20-€-Schein.
Frage: **Wie viel Euro bekommt sie zurück?**
Antwort: **Sie bekommt 11,30 Euro zurück.**
Rechnung: **20,00 € – 8,70 € = 11,30 €**

Einmaleins mit 20, 30 und 40

1 Schreibe eine Plus- und eine Mal-Aufgabe.
a) 4 Paletten: **30+30+30+30=120**, **4·30=120**
b) 5 Paletten: **30+30+30+30+30=150**, **5·30=150**
c) 7 Paletten: **30+30+30+30+30+30+30=210**, **7·30=210**

30 + 30 + 30 = 90
3 · 30 = 90

2 a) 4 · 30 = **120**, 7 · 30 = **210** b) 1 · 30 = **30**, 5 · 30 = **150** c) 8 · 30 = **240**, 6 · 30 = **180** d) 10 · 30 = **300**, 9 · 30 = **270**

3 a) 120 : 30 = **4**, 90 : 30 = **3** b) 300 : 30 = **10**, 150 : 30 = **5** c) 270 : 30 = **9**, 180 : 30 = **6** d) 240 : 30 = **8**, 30 : 30 = **1**

4 a) 6 · 20 = **120**, 3 · 20 = **60** b) 4 · 20 = **80**, 8 · 20 = **160** c) 10 · 20 = **200**, 5 · 20 = **100** d) 7 · 20 = **140**, 0 · 20 = **0**

5 a) 100 : 20 = **5**, 40 : 20 = **2** b) 120 : 20 = **6**, 80 : 20 = **4** c) 140 : 20 = **7**, 20 : 20 = **1** d) 180 : 20 = **9**, 160 : 20 = **8**

6 a) 2 · 40 = **80**, 3 · 40 = **120** b) 5 · 40 = **200**, 6 · 40 = **240** c) 10 · 40 = **400**, 9 · 40 = **360**

7 a) 8 · 40 = **320**, 0 · 40 = **0** b) 9 · 40 = **360**, 4 · 40 = **160** c) 1 · 40 = **40**, 7 · 40 = **280**

8 a) **3** · 40 = 120, **5** · 40 = 200 b) **8** · 40 = 320, **6** · 40 = 240

9 a) 160 : 40 = **4**, 200 : 40 = **5** b) 360 : 40 = **9**, 280 : 40 = **7**

Einmaleins mit 40
1 · 40 = **40**
2 · 40 = **80**
3 · 40 = **120**
4 · 40 = **160**
5 · 40 = **200**
6 · 40 = **240**
7 · 40 = **280**
8 · 40 = **320**
9 · 40 = **360**
10 · 40 = **400**

Einmaleins mit 50, 60 und 70

1 Schreibe eine Plus- und eine Mal-Aufgabe.
a) **50+50+50=150**, **3·50=150** b) **50+50+50+50=200**, **4·50=200**

50 + 50 + 50 + 50 + 50 = 250
5 · 50 = 250

2 a) 2 · 50 = **100**, 3 · 50 = **150** b) 5 · 50 = **250**, 4 · 50 = **200** c) 5 · 50 = **250**, 6 · 50 = **300** d) 10 · 50 = **500**, 9 · 50 = **450**

3 a) 4 · 50 = **200**, 8 · 50 = **400** b) 3 · 50 = **150**, 6 · 50 = **300** c) 7 · 50 = **350**, 0 · 50 = **0** d) 2 · 50 = **100**, 1 · 50 = **50**

4 a) 200 : 50 = **4**, 100 : 50 = **2** b) 400 : 50 = **8**, 150 : 50 = **3** c) 500 : 50 = **10**, 250 : 50 = **5** d) 450 : 50 = **9**, 350 : 50 = **7**

5 a) 2 · 60 = **120**, 3 · 60 = **180** b) 5 · 60 = **300**, 4 · 60 = **240** c) 5 · 60 = **300**, 6 · 60 = **360** d) 10 · 60 = **600**, 9 · 60 = **540**

6 a) · 60

3	**180**
7	**420**
5	**300**
8	**480**

b) · 60

6	**360**
2	**120**
9	**540**
4	**240**

c) · 50

8	**400**
3	**150**
10	**500**
7	**350**

d) · 40

9	**360**
5	**200**
8	**320**
6	**240**

7 a) 2 · 70 = **140**, 3 · 70 = **210** b) 5 · 70 = **350**, 6 · 70 = **420** c) 10 · 70 = **700**, 9 · 70 = **630**

8 a) 8 · 70 = **560**, 0 · 70 = **0** b) 7 · 70 = **490**, 4 · 70 = **280** c) 3 · 70 = **210**, 1 · 70 = **70**

9 a) 210 : 70 = **3**, 700 : 70 = **10**, 140 : 70 = **2**, 350 : 70 = **5**, 70 : 70 = **1**
b) 630 : 70 = **9**, 560 : 70 = **8**, 280 : 70 = **4**, 490 : 70 = **7**, 420 : 70 = **6**

Einmaleins mit 70
1 · 70 = **70**
2 · 70 = **140**
3 · 70 = **210**
4 · 70 = **280**
5 · 70 = **350**
6 · 70 = **420**
7 · 70 = **490**
8 · 70 = **560**
9 · 70 = **630**
10 · 70 = **700**

Einmaleins mit 80 und 90

80 + 80 + 80 = 240
3 · 80 = 240

1 Schreibe die Mal-Aufgabe.
a) 80 + 80 + 80 + 80 = **320**, **4·80=320** b) 80 + 80 = **160**, **2·80=160**

2 a) 2 · 80 = **160**, 3 · 80 = **240** b) 5 · 80 = **400**, 6 · 80 = **480** c) 10 · 80 = **800**, 9 · 80 = **720**

3 a) · 80: 5 → **400**, 10 → **800** b) · 80: 4 → **320**, 8 → **640** c) · 80: 7 → **560**, 9 → **720**

4 a) 160 : 80 = **2**, 320 : 80 = **4** b) 560 : 80 = **7**, 640 : 80 = **8**

5 a) 240 : 80 = **3**, 240 : 30 = **8** b) 320 : 80 = **4**, 320 : 40 = **8**

6 a) 2 · 90 = **180**, 3 · 90 = **270** b) 5 · 90 = **450**, 6 · 90 = **540** c) 10 · 90 = **900**, 9 · 90 = **810**

7 a)

·	90	50
3	**270**	**150**
7	**630**	**350**

b)

·	90	40
5	**450**	**200**
8	**720**	**320**

8 a) 180 : 90 = **2**, 270 : 90 = **3** b) 810 : 90 = **9**, 450 : 90 = **5**

9 a) 360 : 90 = **4**, 360 : 40 = **9** b) 540 : 90 = **6**, 540 : 60 = **9**

10 a)

:	90	30
270	**3**	**9**
180	**2**	**6**

b)

:	90	60
360	**4**	**6**
540	**6**	**9**

c)

:	80	40
240	**3**	**6**
320	**4**	**8**

11 a)

·	80	40
3	**240**	**120**
7	**560**	**280**

b)

·	60	80
9	**540**	**720**
6	**360**	**480**

c)

·	90	50
8	**720**	**400**
5	**450**	**250**

Einmaleins mit 80
1 · 80 = **80**
2 · 80 = **160**
3 · 80 = **240**
4 · 80 = **320**
5 · 80 = **400**
6 · 80 = **480**
7 · 80 = **560**
8 · 80 = **640**
9 · 80 = **720**
10 · 80 = **800**

Einmaleins mit 90
1 · 90 = **90**
2 · 90 = **180**
3 · 90 = **270**
4 · 90 = **360**
5 · 90 = **450**
6 · 90 = **540**
7 · 90 = **630**
8 · 90 = **720**
9 · 90 = **810**
10 · 90 = **900**

Verwandte Durch-Aufgaben

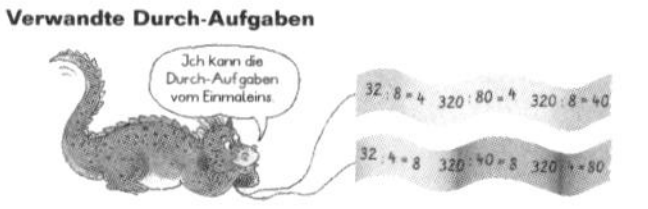

1 Schreibe die sechs verwandten Durch-Aufgaben.
a) 7, 3, 21: 21 : 3 = **7**, **210:30=7**, **210:3=70**; **21:7=3**, **210:70=3**, **210:7=30**
b) 4, 6, 24: **24:4=6**, **240:40=6**, **240:4=60**; **24:6=4**, **240:60=4**, **240:6=40**
c) 9, 5, 45: **45:5=9**, **450:50=9**, **450:5=90**; **45:9=5**, **450:90=5**, **450:9=50**
d) 8, 6, 48: **48:6=8**, **480:60=8**, **480:6=80**; **48:8=6**, **480:80=6**, **480:8=60**

2 a) 240 : 6 = **40**, 240 : 60 = **4** b) 360 : 9 = **40**, 360 : 90 = **4** c) 560 : 8 = **70**, 560 : 80 = **7**

3 a)

:	9	90
270	**30**	**3**
450	**50**	**5**

b)

:	8	80
480	**60**	**6**
720	**90**	**9**

c)

:	7	70
490	**70**	**7**
210	**30**	**3**

4 a) 320 : 80 = **4**, 320 : 8 = **40**, 320 : 40 = **8**, 320 : 4 = **80**
b) 630 : 70 = **9**, 630 : 7 = **90**, 630 : 90 = **7**, 630 : 9 = **70**
c) 360 : 60 = **6**, 360 : 6 = **60**, 360 : 40 = **9**, 360 : 4 = **90**

5 a) 720 : 90 = **8**, 420 : 60 = **7** b) 560 : 7 = **8**, 450 : 5 = **9** c) 480 : 80 = **6**, 320 : 40 = **8**

Einmaleins mit 11 und 12

1 a) 3 · 12 = **36**, **3·10 = 30**, **3· 2 = 6** b) 2 · 12 = **24**, **2·10 = 20**, **2· 2 = 4**

40 + 8 = 48
4 · 12 = 48
4 · 10 = 40
4 · 2 = 8

2 a) 6 · 12 = **72**, 6 · 10 = **60**, 6 · 2 = **12** b) 8 · 12 = **96**, **8·10 = 80**, **8· 2 = 16** c) 5 · 12 = **60**, **5·10 = 50**, **5· 2 = 10** d) 7 · 12 = **84**, **7·10 = 70**, **7· 2 = 14**

3 Aufgabe und Tauschaufgabe
a) 9 · 12 = **108**, 12 · 9 = **108** b) 4 · 12 = **48**, 12 · 4 = **48** c) 3 · 12 = **36**, 12 · 3 = **36** d) 6 · 12 = **72**, 12 · 6 = **72**

4 a) **5** · 12 = 60, **4** · 12 = 48 b) **2** · 12 = 24, **3** · 12 = 36 c) **10** · 12 = 120, **9** · 12 = 108 d) **6** · 12 = 72, **7** · 12 = 84

5 In jeder Reihe 11. Schreibe die Mal-Aufgabe und die Tauschaufgabe auf.
a) 3 · 11 = **33**, 11 · 3 = **33** b) **5·11 = 55**, **11·5 = 55** c) **4·11 = 44**, **11·4 = 44**

6 a) **6** · 11 = 66, **5** · 11 = 55 b) **10** · 11 = 110, **9** · 11 = 99 c) 11 · **7** = 77, 11 · **3** = 33 c) 11 · **8** = 88, 11 · **2** = 22

Multiplizieren von zweistelligen Zahlen

1 a) 3 · 22 = **66**, 3 · 20 = **60**, 3 · 2 = **6** b) 2 · 24 = **48**, 2 · 20 = **40**, 2 · 4 = **8**

80 + 12 = 92
4 · 23 = 92
4 · 20 = 80
4 · 3 = 12

2 a) **4 · 13 = 52**, **4 · 10 = 40**, **4 · 3 = 12** b) **3 · 52 = 156**, **3 · 50 = 150**, **3 · 2 = 6** c) **4 · 15 = 60**, **4 · 10 = 40**, **4 · 5 = 20**

3 a) 3 · 17 = **51**, **3 · 10 = 30**, **3 · 7 = 21** b) 4 · 56 = **224**, **4 · 50 = 200**, **4 · 6 = 24** c) 6 · 27 = **162**, **6 · 20 = 120**, **6 · 7 = 42**
d) 4 · 28 = **112**, **4 · 20 = 80**, **4 · 8 = 32** e) 9 · 38 = **342**, **9 · 30 = 270**, **9 · 8 = 72** f) 3 · 67 = **201**, **3 · 60 = 180**, **3 · 7 = 21**

4 a) 5 · 13 = 50 + 15 = **65**, 6 · 14 = **60+24=84**, 4 · 16 = **40+24=64**, 7 · 14 = **70+28=98**
b) 3 · 27 = **60+21=81**, 5 · 28 = **100+40=140**, 8 · 23 = **160+24=184**, 4 · 24 = **80+16=96**
c) 4 · 32 = **120+8=128**, 5 · 44 = **200+20=220**, 8 · 57 = **400+56=456**, 2 · 64 = **120+8=128**

Einmaleinsblumen

1 a) Blume: 6·3, 3·6, 6·30, 3·60, 6·33, 3·66; Blätter 3, 6
3 · 6 = **18**
3 · 60 = **180**
3 · 66 = **198**
6 · 3 = **18**
6 · 30 = **180**
6 · 33 = **198**

b) Blume: 7·4, 4·7, 7·40, 4·70, 7·44, 4·77; Blätter 4, 7
4 · 7 = 28
4 · 70 = 280
4 · 77 = 308
7 · 4 = 28
7 · 40 = 280
7 · 44 = 308

c) Blume: 5·8, 8·5, 5·80, 8·50, 5·88, 8·55; Blätter 8, 5
8 · 5 = 40
8 · 50 = 400
8 · 55 = 440
5 · 8 = 40
5 · 80 = 400
5 · 88 = 440

2 a) Blume: **9·4**, 4·9, **9·40**, **4·90**, **9·44**, **4·99**; Blätter 4, 9
4 · 9 = 36
4 · 90 = 360
4 · 99 = 396
9 · 4 = 36
9 · 40 = 360
9 · 44 = 396

b) Blume: **7·2**, 2·7, **7·20**, **2·70**, **7·22**, **2·77**; Blätter 2, 7
2 · 7 = 14
2 · 70 = 140
2 · 77 = 154
7 · 2 = 14
7 · 20 = 140
7 · 22 = 154

c) Blume: 3·4, **4·3**, **3·40**, **4·30**, **3·44**, **4·33**; Blätter 3, 4
4 · 3 = 12
4 · 30 = 120
4 · 33 = 132
3 · 4 = 12
3 · 40 = 120
3 · 44 = 132

3 a) 4 · 6 = **24**, 4 · 60 = **240**, 4 · 66 = **264** b) 5 · 9 = **45**, 5 · 90 = **450**, 5 · 99 = **495** c) 8 · 7 = **56**, 8 · 70 = **560**, 8 · 77 = **616**

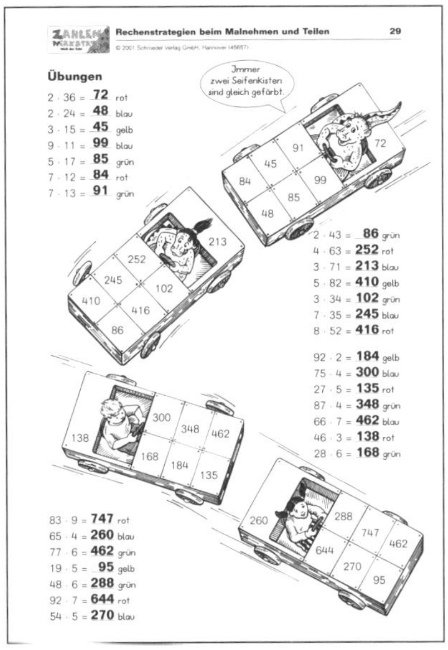
Rechenstrategien beim Malnehmen und Teilen 29
Übungen
Immer zwei Seifenkisten sind gleich gefärbt.

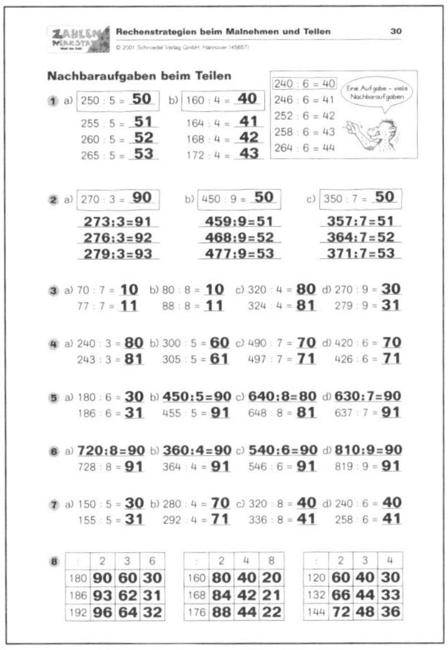
Rechenstrategien beim Malnehmen und Teilen 30
Nachbaraufgaben beim Teilen

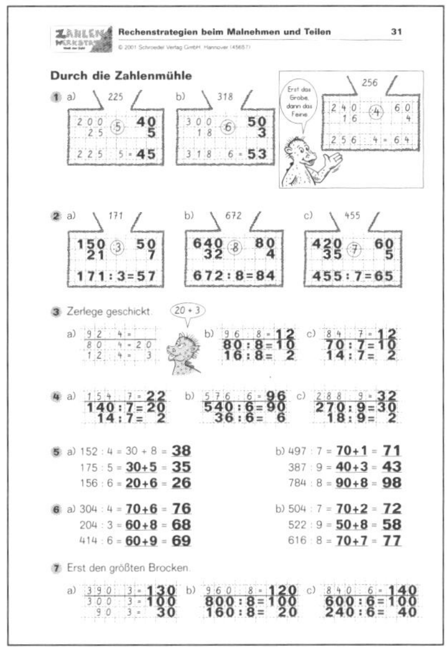
Rechenstrategien beim Malnehmen und Teilen 31
Durch die Zahlenmühle
Zerlege geschickt.
Erst den größten Brocken.

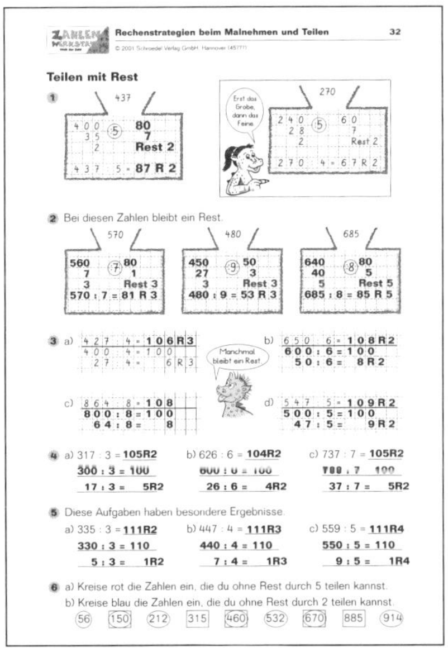
Rechenstrategien beim Malnehmen und Teilen 32
Teilen mit Rest
Bei diesen Zahlen bleibt ein Rest.
Diese Aufgaben haben besondere Ergebnisse.

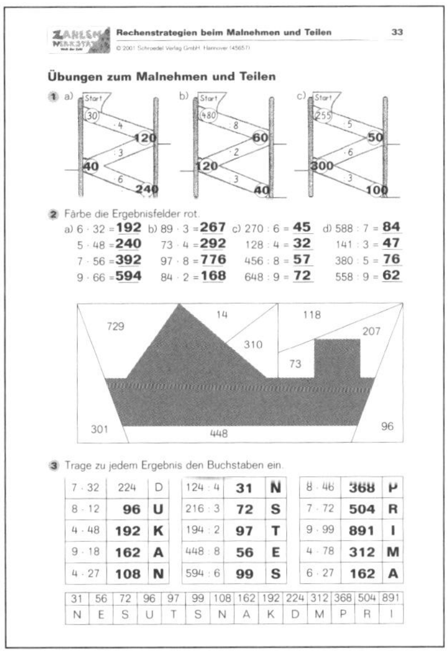
Rechenstrategien beim Malnehmen und Teilen 33
Übungen zum Malnehmen und Teilen
Färbe die Ergebnisfelder rot.
Trage zu jedem Ergebnis den Buchstaben ein.

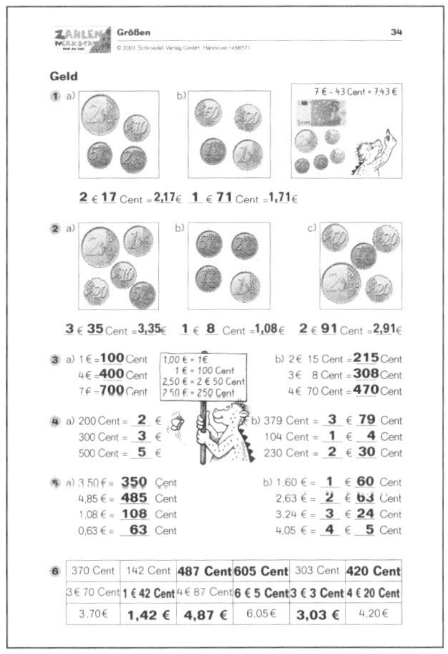
Größen 34
Geld

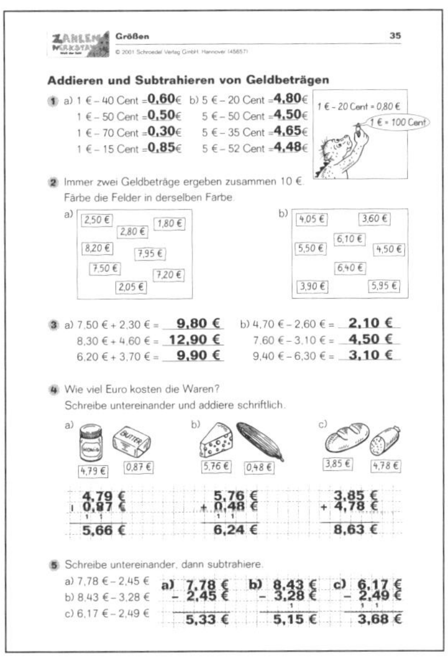
Größen 35
Addieren und Subtrahieren von Geldbeträgen
Immer zwei Geldbeträge ergeben zusammen 10 €.
Wie viel Euro kosten die Waren?
Schreibe untereinander, dann subtrahiere.

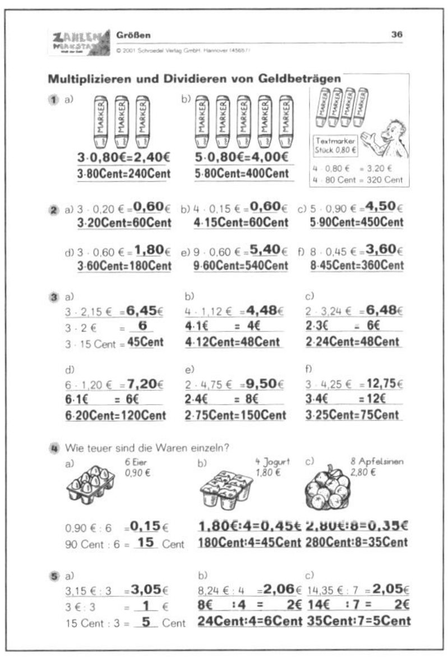
Größen 36
Multiplizieren und Dividieren von Geldbeträgen
Wie teuer sind die Waren einzeln?

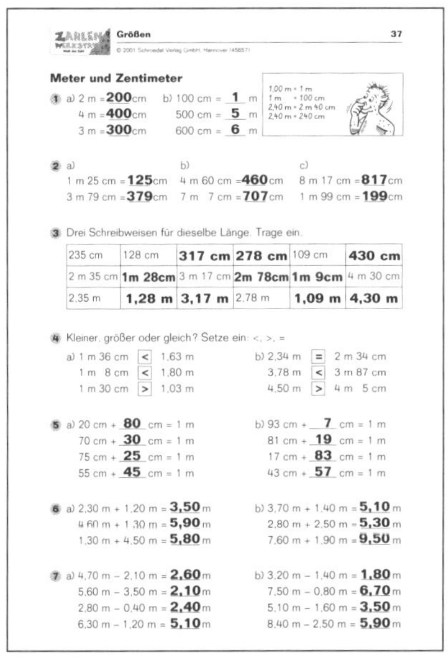
Größen 37
Meter und Zentimeter
Drei Schreibweisen für dieselbe Länge. Trage ein.
Kleiner, größer oder gleich? Setze ein: <, >, =

Zentimeter, Millimeter

10 mm = 1 cm
17 mm = 1 cm 7 mm

1. a) 13 mm = **1** cm **3** mm b) 2 cm 8 mm = **28** mm
24 mm = **2** cm **4** mm 1 cm 9 mm = **19** mm
18 mm = **1** cm **8** mm 9 cm 1 mm = **91** mm
35 mm = **3** cm **5** mm 4 cm 5 mm = **45** mm

2. Immer zwei Längen sind gleich. Färbe die Felder in derselben Farbe.
a) 2 cm 5 mm, 5 cm 2 mm, 52 mm, 38 mm, 3 cm 8 mm, 83 mm, 8 cm 3 mm, 25 mm
b) 44 mm, 91 mm, 9 cm 1 mm, 30 mm, 3 cm, 1 cm 9 mm, 19 mm, 4 cm 4 mm

3. Kleiner, größer oder gleich? Setze ein: <, >, =
a) 17 mm **=** 1 cm 7 mm b) 3 cm 6 mm **<** 63 mm
21 mm **>** 1 cm 2 mm 1 cm 1 mm **=** 11 mm
45 mm **<** 5 cm 4 mm 5 cm 3 mm **>** 35 mm

4. a) 1 mm + **9** mm = 1 cm b) 14 mm + **6** mm = 2 cm
6 mm + **4** mm = 1 cm 23 mm + **7** mm = 3 cm
2 mm + **8** mm = 1 cm 38 mm + **2** mm = 4 cm
7 mm + **3** mm = 1 cm 44 mm + **6** mm = 5 cm

5. Miss die Länge der Strecken. Wie lang sind immer drei aneinanderhängende Strecken zusammen?

(55) b, (15) c, (25) a, (12) f, (25) i, (20) e, (18) h, (35) d, g (22)

			Zusammen
a: **25** mm	b: **55** mm	c: **15** mm	**9** cm **5** mm
d: **35** mm	e: **20** mm	f: **12** mm	**6** cm **7** mm
g: **22** mm	h: **18** mm	i: **25** mm	**6** cm **5** mm

Gewicht

350 g = 200 g + 100 g + 50 g

1. a) 720 g = **500g+200g+20g**
b) 535 g = **500g+20g+10g+5g**
c) 642 g = **500g+100g+20g+20g+2g**
d) 850 g = **500g+200g+100g+50g**
e) 261 g = **200g+50g+10g+1g**
f) 910 g = **500g+200g+200g+10g**

2.

a) 500 g	b) 500 g	c) 500 g
100 g + **400** g	460 g + **40** g	385 g + **115** g
200 g + **300** g	180 g + **320** g	175 g + **325** g
400 g + **100** g	270 g + **230** g	225 g + **275** g
300 g + **200** g	310 g + **190** g	465 g + **35** g

3. Kleiner, größer oder gleich? Setze ein: <, >, =

1 kg = 1000 g
$\frac{1}{2}$ kg = 500 g
$\frac{1}{4}$ kg = 250 g

a) 500 g **=** $\frac{1}{2}$ kg b) 250 g **=** $\frac{1}{4}$ kg
530 g **>** $\frac{1}{2}$ kg 400 g **>** $\frac{1}{4}$ kg
480 g **<** $\frac{1}{2}$ kg 40 g **<** $\frac{1}{4}$ kg
50 g **<** $\frac{1}{2}$ kg 240 g **<** $\frac{1}{4}$ kg

4. Immer zwei Gewichte ergeben zusammen 1 kg. Färbe die Felder in derselben Farbe.
a) 300 g, 480 g, 250 g, 840 g, 750 g, 700 g, 520 g, 160 g
b) 630 g, 125 g, 963 g, 875 g, 37 g, 725 g, 275 g, 370 g

5.

a) 1 kg	b) 1 kg	c) 1 kg
600 g + **400** g	200 g + **800** g	5 g + **995** g
510 g + **390** g	460 g + **540** g	925 g + **75** g
820 g + **180** g	120 g + **880** g	505 g + **495** g

Ferienreise

1. Laura fährt mit ihren Eltern in den Ferien nach Bergenfried. Bis dort sind es 340 km. Wie viel km lang sind die Hin- und Rückfahrt zusammen?
R: **340 + 340 = 680**
A: **Hin- und Rückfahrt sind zusammen 680 km lang.**

2. Laura und ihre Eltern fahren um 8.10 Uhr los. Nach 4 Stunden 30 Minuten Fahrzeit sind sie am Ziel.
F: **Um wie viel Uhr erreichen sie das Ziel?**
R: **8.10 Uhr —4 h→ 12.10 Uhr —30min→ 12.40 Uhr.**
A: **Laura und ihre Eltern erreichen das Ziel um 12.40 Uhr.**

3. Wie viel Euro kosten zwei Wochen für Lauras Familie?

Urlaub auf dem Bauernhof
2 Wochen Übernachtung mit Frühstück: Erwachsene: 244 €
Kinder: 128 €

244 € + 244 € + 128 € = 616 €
Die zwei Wochen kosten 616 €.

4. Eine Reitstunde kostet 4 €. Laura nimmt zwölf Reitstunden.
F: **Wie viel Euro kosten die zwölf Reitstunden?**
R: **4 · 12 = 48**
A: **Die zwölf Reitstunden kosten 48 €.**

5. Wie lang dauern die Spaziergänge?
Eiche – Turm – Mühle: **1** Std. **50** Min.
Mühle – Eiche – Turm: **1** Std. **20** Min.
Turm – Mühle – Eiche: **2** Std. **10** Min.
Rund um den Talsee: **2** Std. **40** Min.

Turm, 30 Min, Eiche, 50 Min, Mühle, 1 Std. 20 Min.

6. Im Café „Schöne Aussicht" trinken Lauras Eltern je eine Tasse Kaffee für 1,20 €. Laura trinkt ein Glas Apfelsaft für 0,80 €. Der Vater bezahlt mit zwei 2-Euro-Münzen.
F: **Wie viel Euro bekommt der Vater zurück?**
R: **2 · 1,20 € = 2,40 € 2,40 € + 0,80 € = 3,20 € 4 € – 3,20 € = 0,80 €**
A: **Der Vater bekommt 0,80 € zurück.**

Im Computermarkt

Rechner 629 € Monitor 248 € Drucker 189 € Scanner 98 €

1. a) „Rechner und Monitor" **629 € + 248 € = 747 €**
A: **Rechner und Monitor kosten 777 €.**
b) „Drucker und Scanner" **189 € + 98 € = 287 €**
A: **Drucker und Scanner kosten 287 €.**
c) „Rechner, Monitor und Scanner" **629 € + 248 € + 98 € = 975 €**
A: **Rechner, Monitor und Scanner kosten 975 €.**
d) „Monitor, Scanner und Drucker" **248 € + 98 € + 189 € = 535 €**
A: **Monitor, Scanner und Drucker kosten 535 €.**

2. „Drucker und Monitor. Da bleibt noch viel übrig."
F: **Wie viel Euro bleiben noch übrig?**
189 € + 248 € = 437 € **500 € – 437 € = 63 €**
A: **Es bleiben noch 63 € übrig.**

3. „Der Rechner hat früher 813 € gekostet."
F: **Wie viel Euro hat man gespart?**
813 € – 629 € = 184 €
A: **Man hat 184 € gespart.**

Im Computermarkt

Maus 24,60 € · Cassetten 6er-Pack 8,40 € · Video-Cassetten 3er-Pack 12,90 € · CD-Rohlinge 5er-Pack 6,50 € · Computer-Spiele Stück 30,90 €

1. Wie teuer sind die Waren?
a) **6,50 € · 3 = 19,50 €** A: **Sie kosten 19,50 €.**
b) **8,40 € · 4 = 33,60 €** A: **Sie kosten 33,60 €.**
c) **30,90 € · 3 = 92,70 €** A: **Sie kosten 92,70 €.**
d) **24,60 € · 2 = 49,20 €** A: **Sie kosten 49,20 €.**

2. Wie teuer ist jeweils ein Stück? Trage ein.

5 CD-Rohlinge 6,50 €	3 Video-Cassetten 12,90 €	6 Cassetten TDX 8,40 €
1 CD-Rohling **1,30 €**	1 Video-Cassette **4,30 €**	1 Cassette TDX **1,40 €**

Im Supermarkt

1. a) Frau Bartels kauft 2 Salatköpfe. (Salat Kopf 0,79 €)
F: **Wie viel Euro muss sie bezahlen?**
R: **0,79 € · 2 = 1,58 €**
A: **Sie muss 1,58 € bezahlen.**

b) Anne kauft 5 Kiwis. (Kiwis Stück 0,18 €)
F: **Wie viel Euro muss sie bezahlen?**
R: **0,18 € · 5 = 0,90 €**
A: **Sie muss 0,90 € bezahlen.**

2. Herr Rollnick kauft 3 Liter Milch, der Liter für 0,45 €, und 2 Pakete Quark für je 0,60 €.
F: **Wie viel muss er bezahlen?**
A: **Er muss 2,55 € bezahlen.**
0,45 € · 3 = 1,35 €
0,60 € · 2 = 1,20 €
1,35 € + 1,20 € = 2,55 €

3. Antonio kauft 6 Apfelsinen für zusammen 2,40 €.
F: **Wie viel kostet eine Apfelsine?**
R: **2,40 € : 6 = 0,40 €**
A: **Eine Apfelsine kostet 0,40 €.**

4. Im Kühlregal stehen 4 Reihen mit je 28 Jogurt.
F: **Wie viel Joghurt stehen im Kühlregal?**
A: **Im Kühlregal stehen 112 Jogurt.**
28 · 4 = 112

5. Am Morgen liefert der Bäcker 540 Brötchen an. Bis zum Mittag werden 378 Brötchen verkauft.
F: **Wie viele Brötchen können noch verkauft werden?**
A: **Es können noch 162 Brötchen verkauft werden.**
540 – 378 = 162

6. Frau Blauert hat für 31,78 € eingekauft. Sie zahlt an der Kasse mit einem 50-€-Schein.
F: **Wie viel Euro bekommt sie zurück?**
A: **Sie bekommt 18,22 € zurück.**
50,00 € – 31,78 € = 18,22 €